煤炭技工学校"十二五"规划教材

采 煤 工 艺

中国煤炭教育协会职业教育教材编审委员会 编

煤炭工业出版社

·北　京·

内 容 提 要

该书为煤炭技工（中职）学校采煤专业基础教材，首先介绍了煤炭生产系统、矿井开拓和矿山压力与控制等煤矿基础知识，之后全面介绍了常用的采煤工艺，如爆破采煤工艺、普通机械化采煤工艺、综合机械化采煤工艺等，重点阐述了长壁采煤、综合机械化采煤、放顶煤开采等工艺和方法。

该书内容简洁、全面，可作为煤炭中职和职工学校采煤专业及相关专业学生教材，同时也可供煤矿初（中）级采煤工人参考。

前　　言

"十二五"期间，煤炭职业教育必须坚持认真贯彻党的教育方针，全面实施素质教育；坚持以服务为宗旨、以就业为导向、以提高质量为重点，立足煤炭、面向社会办学，增强职业教育服务煤炭工业发展和社会主义现代化建设的能力；深化人才培养模式改革，完善教学内容，创新教学方法，突出职业技能培养，全面提升学生的综合素质和职业能力。为此，中国煤炭教育协会组织煤炭行业职业教育专家编制了《煤炭技工学校专业目录》并在人力资源和社会保障部备案，同时完成了《煤炭职业教育"十二五"教材建设规划》编制工作，提出了教材建设工作继续坚持"改革创新、突出特色、提高质量、适应发展"的指导思想，新的教学方法研究和教材开发工作进展顺利，一套"结构科学、特色突出、专业配套、质量优良"的煤炭技工学校"十二五"规划教材正在陆续出版发行，将为煤炭职业教育的创新发展提供有力的技术支撑。

这套教材主要适用于煤炭技工学校教学、工人在职培训和就业前培训，也适合具有初中文化程度的工人自学和工程技术人员参考。

《采煤工艺》是这套教材中的一种，是根据中国煤炭教育协会发布并经人力资源和社会保障部认可的全国煤炭技工学校统一教学计划、教学大纲的规定编写的，经中国煤炭教育协会职业教育教材编审委员会审定，并认定为合格教材，是全国煤炭技工学校教学、工人在职培训和就业前培训的必备的统一教材。

本书由黑龙江鹤岗矿业集团职工大学郭绍新主编。在本书的编写过程中，得到了有关煤炭技工学校的广大教师和煤矿企业有关工程技术人员的大力支持和帮助，在此一并表示感谢！

中国煤炭教育协会职业教育

教材编审委员会

2015 年 6 月

目　　次

项目一 煤矿生产基础知识

【学习目标】

1. 了解与煤矿生产有关的地质基础知识。
2. 熟悉并掌握井巷名称及分类。
3. 熟悉矿井生产系统的类型及功能。

课题一 地质基础知识

一、与煤矿生产有关的地球物理性质

地球的物理性质包括地球的密度、压力、重力、地热、磁性、电性、放射性等。地球的物理性质从不同角度反映了地球内部的物质组成、状态和结构。下面仅简单介绍与煤矿生产、安全有关的几个物理性质。

1. 密度

地球的平均密度为 5.52 g/cm³，但实测地表岩石的平均密度为 2.7 ~ 2.9 g/cm³，地球表面的 71% 分布着海水，其密度（4 ℃）为 1.003 g/cm³。这说明地球内部物质具有比地表物质更大的密度。

2. 压力

地球内部压力是由上覆地球物质质量产生的静压力和地球运动产生的动压力共同组成的。

静压力大小与地球内部物质的密度及该处的重力有关。地球内部静压力的变化随深度增加而增大。深部随着岩石密度的加大，静压力增加得更快些。

动压力通常以水平力为主，具有方向性，并可以在一些地段特别集中。动压力主要受地质构造的影响，也有随深度而加大的趋势。

在矿井中，当开采到深部时，由于地压增大，使得巷道和工作面支护困难。可通过对已开采地区和正在开采地段的地质构造分析与测量，来测定地应力的方向、大小和地应力集中的地段。这方面的研究有助于解决巷道维护、煤与瓦斯突出预测等矿井开采过程中常遇到的问题。

3. 重力

重力是垂直于地球表面、使物体向下的一种天然作用力，它是由地心引力和地球自转而产生的离心力的合力。

重力主要受物体到地心的距离、地下物质组成的影响。

4. 地磁

地球周围空间存在一个弱磁场，称为地磁场。它有两个磁极，地磁场的南北两极与地

理南北两极不重合。

由于地磁极和地理极不一致，因此地磁子午线与地理子午线之间有一夹角，这个夹角称为磁偏角。偏在地理子午线东边的叫东偏角，符号为正；偏在地理子午线西边的叫西偏角，符号为负。

由于各矿区的地理位置不同，它们的磁偏角大小和方向也会不同。比如鹤岗煤田的磁偏角为西偏 $9°26'$。

5. 地热

地球内部存在巨大的热能，从而使地球具有一定的温度。

地壳表层的热主要来自于太阳辐射。地壳深部的热主要来自于地内热能。一般，随着深度的增加，地球的温度会越来越高。

二、地质构造

几乎所有的煤矿生产都会或多或少地受到地质构造的影响。地质构造的复杂程度直接影响煤矿的生产能力、生产工艺、安全生产、生产效益等。

1. 褶皱构造

岩层或岩体在地应力长期作用下形成的连续的波状弯曲称为褶皱。褶皱在地壳中分布广泛，形态各异，规模大小相差悬殊，大者延伸几百千米，小者可在手标本上见到。

褶皱岩层中的一个弯曲称为褶曲，它是褶皱构造的基本单位。褶曲的基本形式分为两种，即背斜和向斜，如图 1-1 所示。

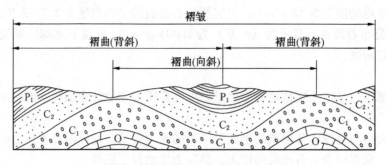

图 1-1　褶皱与褶曲剖面示意图

1）背斜

背斜是岩层向上弯拱的褶曲，核部是老岩层，两侧是新岩层，新岩层对称性重复出现，两侧岩层倾斜方向一般相反。

2）向斜

向斜是岩层向下弯拱的褶曲，核部是新岩层，两侧是老岩层，老岩层对称性重复出现，两侧岩层倾斜方向一般相对。

2. 断裂构造

岩层受力后产生变形，当应力达到或超过岩层的强度极限时，岩层的连续完整性遭到破坏，在岩层一定部位和一定方向上产生破裂，即形成断裂构造。

根据岩层破裂面两侧岩块有无明显的相对位移，可将断裂构造分为节理和断层。

1）节理

岩层断裂后，两侧岩块未发生显著相对位移的断裂构造称为节理，又叫裂隙。

（1）按照节理的成因，可分为原生节理和次生节理。原生节理是指沉积岩在形成过程中，沉积物脱水和压缩后所生成的节理，如泥裂及煤层中的内生裂隙等。次生节理是指岩层形成后生成的节理，根据力的来源和作用性质不同，又可分为构造节理和非构造节理。

构造节理是岩层遭受地应力作用而形成的节理，这种节理的形成和分布有一定的规律性，它与褶曲和断层有密切的关系，如图1-2和图1-3所示。

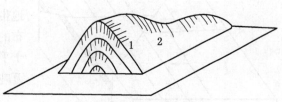

1—纵张节理；2—横张节理

图1-2 因岩层褶皱而产生的节理

非构造节理是外力地质作用或人为因素形成的节理，如风化作用、滑坡、爆破以及煤层被采空后地压造成的节理等。

（2）按照节理的力学性质，可将节理分为张节理和剪节理两种。

张节理是指构造运动所产生的张应力作用而形成的节理。它常分布在背斜的转折端、穹隆的顶部、褶曲枢纽的急剧倾伏部位以及断层的两侧。

剪节理是指构造运动所产生的剪切应力作用形成的节理。剪节理分布广泛，不论是水平岩层，还是倾斜岩层，都较发育。

2）断层

岩层受地应力作用后发生破裂，在力的继续作用下沿破裂面两侧岩块发生显著相对位移的断裂构造称为断层。断层的规模大小不一，其形态和类型繁多，分布较广，对煤矿设计和生产都有很大影响。

根据断层两盘相对位移方向，可将断层分为：正断层——上盘相对下降，下盘相对上升的断层；逆断层——上盘相对上升，下盘相对下降的断层；平移断层——断层面两侧的岩块做水平方向相对移动的断层，如图1-4所示。

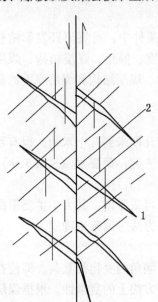

1—张节理；2—剪节理

图1-3 因断层而产生的节理

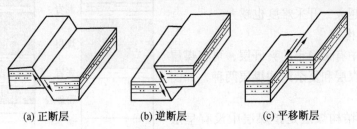

(a) 正断层　　　(b) 逆断层　　　(c) 平移断层

图1-4 按断层两盘相对位移方向分类

根据断层走向与岩层走向的关系，可将断层分为：走向断层——断层走向与被断开的岩层走向平行或基本平行的断层；倾向断层——断层走向与被断开的岩层走向垂直或基本垂直的断层；斜交断层——断层走向与被断开的岩层走向斜交的断层，如图1-5所示。

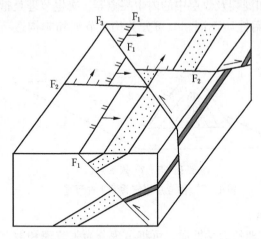

F_1—走向断层；F_2—倾向断层；F_3—斜交断层

图1-5　根据断层走向与岩层走向关系分类

三、煤层的赋存状况及分类

在同一地质历史发展过程中形成的含煤地带，经后期改造所保留下来的比较连续分布的广大地区称为煤田。煤田的面积可由数十平方千米至数千平方千米，储量可由数千万吨至数百亿吨。

煤田内由于后期构造而分割的一些单独部分，以及面积和储量均很小的煤盆地，称为煤产地（或煤矿区）。

为了开采方便，煤田或煤产地又可划分为若干井田。

在煤层赋存条件中，对煤田开发影响较大的是煤层的厚度、倾角、煤层结构、煤层的形态和煤层厚度的稳定性。因此，煤层一般是按厚度、倾角、煤层结构和煤层厚度的稳定性进行分类。

1. 煤层厚度

煤层厚度即煤层顶、底板之间的垂直距离。煤层的厚度有几厘米到几十米的，也有百米以上的。根据煤层厚度对开采技术的影响，可将煤层分为三类：薄煤层（<1.3 m）、中厚煤层（1.3~3.5 m）、厚煤层（>3.5 m）。

在现有技术和经济条件下，可采的最小煤层厚度称为最低可采厚度，其大小主要根据国家的能源政策、地区对资源的需求、煤层产状、煤质、开采方法等因素来确定。

2. 煤层倾角

煤层倾角即煤层层面与水平面之间所夹的最大角度。煤层倾角的变化很复杂，即使在同一煤田内，各处煤层倾角也有不同，因而造成了开采工艺、方法上的复杂性。根据煤层倾角对开采技术的影响，可将煤层分为三类：缓倾斜煤层（$\alpha<25°$）、倾斜煤层（$25°\leqslant\alpha\leqslant45°$）、急倾斜煤层（$\alpha>45°$）。

煤层倾角越大，开采难度也越大。

3. 煤层结构

根据煤层中有无稳定的夹矸层，可将煤层分为简单结构煤层和复杂结构煤层两种，如图1-6所示。

（1）简单结构煤层是指煤层中没有呈层状出现的较稳定的夹矸，但可以夹有较小的矿物质透镜体。

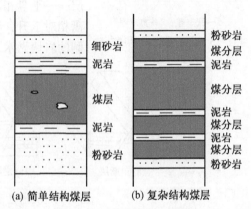

(a) 简单结构煤层　(b) 复杂结构煤层

图1-6　煤层结构示意图

（2）复杂结构煤层是指煤层中含有较稳定的夹矸，少者一到两层，多者几层至十余层。

煤层中夹矸的岩性可以是多种多样的。最常见的是炭质泥岩、黏土岩及粉砂岩，也有油页岩、石灰岩及细砂岩等。夹矸的厚度不一，从几厘米到几十厘米，呈薄层状、似层状或透镜体状。

同一煤层的结构，可能在不大的范围内由简单到复杂，夹矸的厚度和层数都可能发生变化。

煤层中夹矸的存在给开采增加了困难，而且增加了厚煤层中煤的灰分和含矸率。

4. 煤层的形态

煤层的形态千变万化，不同形态的煤层对煤矿开采的影响非常大。

层状煤层厚度稳定，分布面积的直径大于煤层厚度千倍以上，且无明显变化。

似层状煤层包括藕节状、串珠状、瓜藤状等。藕节状煤层的可采面积大于不可采面积，可采煤体分布比较密集，形状似藕节；瓜藤状煤层的可采面积小于不可采面积，分布比较零散。

非层状煤层包括鸡窝状、扁豆状和透镜状。鸡窝状煤层可采煤体的规模较大，一般具有工业价值，但分布不连续；扁豆状和透镜状煤层可采煤体的规模较小，分布不连续，一般不具有单独开采价值。

5. 煤层厚度的稳定性

根据煤层厚度在井田内的变化情况，将煤层分为四类。

（1）稳定煤层：煤层厚度变化很小，变化规律明显，结构简单至较简单，煤类单一，煤质变化很小，全区可采或大部分可采。

（2）较稳定煤层：煤层厚度有一定变化，但规律性较明显，结构简单至复杂，煤质变化中等，全部可采或大部分可采，可采范围内厚度或煤质变化不大。

（3）不稳定煤层：煤层厚度变化较大，无明显规律，结构复杂至极复杂，煤质变化大。

（4）极不稳定煤层：煤层厚度变化极大，呈透镜状、鸡窝状，一般不连续，很难找出规律，可采块段分布零星。

课题二　井巷名称及分类

井巷是对煤炭地下开采中所有通道的总称，有巷道、井筒和硐室之分。根据全国自然科学名词审定委员会公布的《煤炭科技名词》的解释，开凿在岩体和矿层中的不直通地面的水平或倾斜通道为巷道，巷道外的其他井巷则可归为井筒或硐室。但是，习惯上广义的巷道也泛指各种井巷。

一、按井巷的空间位置分类

1. 垂直巷道

巷道的长轴线与水平面垂直，主要有立井、暗（立）井。

（1）立井：有通达地面的出口，直接与地面相通的直立巷道，是进入地下的主要通道，又称竖井。专门或主要用于提升煤炭的叫作主井；主要用于提升矸石、下放设备器材、升降人员等辅助提升工作的叫作副井。生产中，还经常开掘一些专门或主要用来通风、排水、充填等工作的立井，则均按其主要任务命名，如风井、排水井、充填井等。

（2）暗（立）井：不与地面直接相通的直立巷道，没有地面出口，其用途同立井，也称盲竖井、盲立井。专门用来溜放煤炭的暗井通道也称溜井。位于采区内部、高度不大、直径较小的溜井叫溜煤眼。

2. 水平巷道

巷道的长轴线与水平面近似平行，主要有平硐、平巷、石门、煤门。

（1）平硐：直接与地面相通的水平巷道，它的作用类似立井，用于运输、通风和行人。根据用途不同，有主、副平硐之分。

（2）平巷：与地面不直接相通的水平巷道，其长轴方向与煤层走向大致平行。平巷布置在煤层内的称为煤层平巷，布置在岩层中的称为岩石平巷。为开采水平服务的平巷常称为大巷，如运输大巷。直接为采煤工作面服务的煤层平巷称为运输或回风平巷。

（3）石门：没有通达地面的出口，与煤层走向垂直或斜交的岩石平巷。为开采水平服务的石门叫作主要石门，为采区服务的石门叫作采区石门。

（4）煤门：没有通达地面的出口，厚煤层内与煤层走向垂直或斜交掘进的平巷。

3. 倾斜巷道

巷道的长轴线与水平面有一定夹角的巷道，主要有斜井、上山、下山等。

（1）斜井：有一个通达地面的出口，是进入地下的通道，用于提升煤、矸石、人员、材料和设备，敷设电缆盒管路。根据用途不同，分为主斜井和副斜井。不直通地面的斜井称为暗斜井或盲斜井，其作用与暗（立）井相同。

（2）上山：在运输大巷以上，沿煤（岩）层开掘，为一个采区或水平服务的不通地面的斜巷。按用途和装备分为输送机上山、轨道上山、通风上山和行人上山等。

（3）下山：在运输大巷以下，沿煤（岩）层开掘，为一个采区或水平服务的不通地面的斜巷。按用途和装备分为输送机下山、轨道下山、通风下山和行人下山等。

除此之外，倾斜巷道还有行人斜巷、联络巷、溜煤斜巷、管子道等。

各种井巷的位置对照关系如图1-7所示。

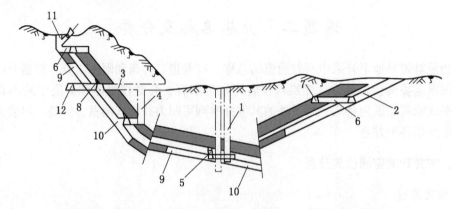

1—立井；2—斜井；3—平硐；4—暗立井；5—溜井；6—石门；7—煤层平巷；
8—煤仓；9—上山；10—下山；11—风井；12—岩石平巷

图1-7　矿山井巷

4. 硐室

井下各种硐室，实际上就是根据不同用途在井下开凿和建造的断面较大或长度较短的空间构筑物，有变电所、水泵房、水仓、火药库、候车室等。这些硐室大部分位于井底车场附近。

二、按井巷的服务范围分类

按照井巷的服务范围，可将井巷分为开拓巷道、准备巷道和回采巷道。一般来说，为全矿井、一个水平或若干采区服务的巷道，如井筒、井底车场、主要石门、运输大巷和回风大巷（或总回风巷）、主要风井称为开拓巷道。开拓巷道是从地面到采区的通路，这些通路在一个较长时期内为全矿井或阶段服务，服务年限一般在 10~30 年。

为一个采区或数个区段服务的巷道，如采区上下山、采区车场、采区硐室称为准备巷道。准备巷道是在采区范围内从已开掘好的开拓巷道起到达区段的通路。这些通路在一定时期内为全采区服务，服务年限一般在 3~5 年。

仅为采煤工作面生产服务的巷道，如区段运输平巷、区段回风平巷、开切眼（形成初始采场的巷道）叫作回采巷道。回采巷道服务年限较短，一般在 0.5~1 年。

开拓巷道的作用在于形成新的或扩展原有的阶段或开采水平，为构成矿井完整的生产系统奠定基础。准备巷道的作用在于准备新的采区，以便构成采区的生产系统。回采巷道的作用在于切割出新的采煤工作面并进行生产。开拓、准备、回采是矿井生产建设中紧密相关的三个主要程序，解决好三者之间的关系，对于保证矿井正常生产运营具有重要意义。

课题三 矿井生产系统

矿井生产系统由于地质条件、井型和设备的不同而各有特点。现以图 1-8 为例，简要说明矿井生产系统的主要内容。

矿井巷道的开掘顺序如下：首先自地面开凿主井 1、副井 2 进入地下；当井筒开凿到第一阶段下部边界开采水平标高时，即开凿井底车场 3、主要运输石门 4，然后向井田两翼掘进开采水平阶段运输大巷 5；直到采区运输石门位置后，由运输大巷 5 开掘采区运输石门 9 通达煤层；到达预定位置后，开掘采区下部车场底板绕道 10、采区下部材料车场 11；然后，沿煤层自下而上掘进采区运输上山 14 和轨道上山 15。与此同时，自风井 6、回风石门 7 开掘回风大巷 8；向煤层开掘采区回风石门 17、采区上部车场 18、上山绞车房 16，与采区运输上山 14 及轨道上山 15 联通。当形成通风回路后，即可自采区上山向采区两翼掘进第一区段的区段运输平巷 20、区段回风平巷 23、下区段回风平巷 21，当这些巷道掘到采区边界后，即可掘进开切眼 24 形成采煤工作面。安装好机电设备和进行必需的准备工作后，即可开始采煤。采煤工作面 25 向采区上山后退回采，与此同时需要适时地开掘第二区段的区段运输平巷和开切眼，保证采煤工作面正常接续。

矿井主要生产系统是由井下生产系统和地面生产系统两部分组成。

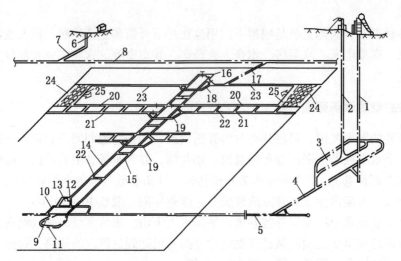

1—主井；2—副井；3—井底车场；4—主要运输石门；5—运输大巷；6—风井；7—回风石门；
8—回风大巷；9—采区运输石门；10—采区下部车场底板绕道；11—采区下部材料车场；
12—采区煤仓；13—行人进风巷；14—运输上山；15—轨道上山；16—上山绞车房；17—
采区回风石门；18—采区上部车场；19—采区中部车场；20—区段运输平巷；21—
下区段回风平巷；22—联络巷；23—区段回风平巷；24—开切眼；25—采煤工作面

图 1-8 矿井生产系统示意图

一、井下生产系统

为采出煤炭，就需要开掘一系列的巷道、硐室，并安装各种机电设备，完成各种生产任务，从而构成井下生产系统。一般井下生产系统包括以下内容。

1. 运煤系统

从采煤工作面 25 破落下来的煤炭，经区段运输平巷 20、采区运输上山 14 到采区煤仓 12，在采区下部车场底板绕道 10 内装车，经开采水平运输大巷 5、主要运输石门 4 运到井底车场 3，由主井 1 提升到地面。

2. 通风系统

新鲜风流从地面经副井 2 进入井下，经井底车场 3、主要运输石门 4、运输大巷 5、采区下部材料车场 11、采区轨道上山 15、采区中部车场 19、区段运输平巷 20 进入采煤工作面 25。清洗工作面后，乏风经区段回风平巷 23、采区回风石门 17、回风大巷 8、回风石门 7，从风井 6 排入大气。

3. 运料排矸系统

采煤工作面所需材料和设备，用矿车由副井 2 下放到井底车场 3，经主要运输石门 4、运输大巷 5、采区运输石门 9、采区下部材料车场 11，由采区轨道上山 15 提升到区段回风平巷 23，再运到采煤工作面 25。采煤工作面回收的材料、设备和掘进工作面运出的矸石，用矿车经由与运料系统相反的方向运至地面。

4. 排水系统

排水系统一般与进风风流方向相反，由采煤工作面，经由区段运输平巷、采区上山、采区下部车场、开采水平运输大巷、主要运输石门等巷道一侧的水沟，自流到井底车场水仓，再由水泵房的排水泵通过副井的排水管道排至地面。

5. 供电系统

为了维持矿井安全生产，井下必须有完善的供电系统。

此外，按生产需要矿井还有压风、瓦斯抽放、洒水、灌浆、通信等系统。

二、地面生产系统

地面工业广场是煤矿生产的重要组成部分，地下采出的煤和地面各种器材、设备都要汇集在工业广场内。工业广场内不仅有煤炭洗选加工和储、装、运的各种生产环节和设施，而且还有各种行政福利设施，是全矿井的生产指挥中心。

课题四 矿井储量与生产能力

一、矿井储量

在圈定井田范围内的煤炭埋藏量称为矿井储量。矿井储量是建井的重要依据之一。

矿井储量可分为地质储量、工业储量和可采储量。地质储量是指经过地质勘探查明的储量。工业储量是指地质储量中，符合工业要求和开采技术条件的那部分储量，该储量是矿井设计的依据。可采储量是指工业储量中扣除矿井永久性煤柱损失和回采损失后，实际可以采出的储量。

如上所述，可采储量是工业储量的一部分，工业储量又是地质储量的一部分。两者的关系如下：

$$Z_k = (Z_c - P)C$$

式中　Z_k——可采储量，10^4 t；

　　　Z_c——工业储量，10^4 t；

　　　P——保护工业场地、井筒、井田境界、河流、湖泊、建筑物等留置的永久煤柱损失量，10^4 t；

　　　C——采区采出率，% 。

采区采出率（曾称回采率）是指采区工业储量中，可以采出的那部分储量占采区工业储量的百分比。采区采出率的高低是衡量矿井生产技术和管理水平的重要标志之一。如果采出率低，煤炭资源损失就大，这不仅损失了国家资源，缩短了采区与矿井的生产时间，造成采区接续紧张，影响矿井的均衡生产，而且容易引起煤层自然发火，增加瓦斯涌出量，威胁安全生产。因此，《煤炭工业矿井设计规范》对采区采出率做出了明确规定：薄煤层不得小于85%，中厚煤层不得小于80%，厚煤层不得小于75%。

二、矿井生产能力

矿井生产能力是确定井田开采范围与储量计算之后，矿井设计要解决的首要问题。因为矿井生产能力不确定，矿井设计的其他重大技术问题，如井田开拓方式、生产系统选择及设备选型等均无法进行。

1. 矿井生产能力的概念

矿井生产能力是根据井田的自然条件，矿井设计规定的工作制度（如年工作日300 d，每天3 班作业，每天净提升为 14 h）与生产环节，通过设计计算后，确定的矿井最大的年生产煤炭的数量，也称为矿井设计生产能力，单位一般为 10^4 t/a 或 t/d。

矿井生产能力是煤矿生产建设的重要指标。它在一定程度上综合反映了矿井的生产技术与经济状况。矿井生产能力大，说明矿井的机械化程度、生产集中程度与效率均高，生产成本低，服务年限长，生产稳定性好。但是，大型矿井投资大、设备多，特别是大型设备多、施工技术要求高、建井时间长。小型矿井则投资少、建井快、设备简单，但生产比较分散、生产效率低、成本高、服务时间短、搬迁比较频繁、生产波动性较大。

生产矿井由于地质条件的变化，或原设计中生产能力确定不当，通过对矿井各生产系统的能力或储量进行核定后，重新确定的矿井综合能力称为矿井核定生产能力。

为便于矿井生产的计划管理，设计实行定型化，机电设备等生产供应实行系列化，按矿井设计生产能力的大小，划分为以下三类井型：

大型矿井：120×10^4 t/a、150×10^4 t/a、180×10^4 t/a、240×10^4 t/a、300×10^4 t/a 及以上。

中型矿井：45×10^4 t/a、60×10^4 t/a、90×10^4 t/a。

小型矿井：9×10^4 t/a、15×10^4 t/a、21×10^4 t/a、30×10^4 t/a。

习惯上把生产能力在 300×10^4 t/a 及以上的矿井称为特大型矿井。新矿井设计时，除规定的井型外，不再出现介于两种生产能力的中间型，如 40×10^4 t/a 等。但核定生产能力与地方小煤矿一般可不受此限制。

2. 矿井生产能力的确定及其影响因素

矿井生产能力的大小，主要根据井田开采范围、煤层赋存特点、储量及开采技术条件，以及国家的煤炭开发技术政策与国民经济发展需要，结合国家现有的技术装备水平等，综合分析后合理确定。其中地质储量是基础，开采条件是关键，国民经济发展及对煤炭的需要是确定矿井生产能力大小的决定因素。

1）地质条件

影响矿井生产能力确定的地质因素，包括井田煤炭储量、煤层生产能力（单位面积煤炭产量，t/m^2）、煤层埋藏条件、地质构造和煤层开采条件等。

煤炭储量丰富，地质构造简单，煤层生产能力大，开采条件好的井田，矿井生产能力就大；反之，矿井生产能力就小。

煤层埋藏较深，表土层厚或地形比较复杂的地区，井田储量比较丰富，为减少工业广场土方工程量与井筒施工的困难，提高投资效果，宜建大型矿井；当煤层埋藏较浅，地面不太复杂，储量又不太丰富时，适合建中、小型矿井；当井田储量较少，煤层生产能力小，赋存不稳定，地质构造又比较复杂时，应设计小型矿井。

2）开采能力

开采能力是按矿井的生产条件所能达到的出煤能力。它主要取决于采区生产能力与同采的采区数目。为了实现集中生产，减少初期工程量和基建投资，做到尽快投产，一般应以一个水平开采，来保证矿井设计生产能力。

确定矿井生产能力时，应根据国家需要，结合井田地质状况，煤炭资源与开采条件，在保证技术经济指标合理的前提下，还要考虑井田内煤层的开采能力及辅助生产环节的保证能力。

根据矿井同时生产的采区数目、各采区同采的工作面个数及其产量，即可确定矿井的年生产能力。

3）技术装备水平

矿井的技术装备水平对矿井生产能力的提高也有很大影响，要建设大型现代化矿井，就要有现代化的大型机械设备做基础。没有高度的机械化，就不可能实现矿井的大型集中化。要实现矿井集中生产，提高生产能力，必须提高采掘工作面机械化程度，实现矿井运输、提升、通风、排水等辅助生产环节的机械化与自动化。

4）安全生产

矿井的自然条件差，将影响矿井生产能力。例如，矿井瓦斯涌出量很大，所需的风量很大时，通风能力成为限制井型的决定因素；如果地质构造破坏严重、水文地质复杂、煤层自然发火严重，对安全生产威胁很大时，也必然会限制矿井生产能力的提高。

3. 矿井服务年限

矿井服务年限是指矿井从投产到报废的全部生产时间，它包括生产递增期（从投产至达到设计能力的时间）、正常生产期和递减期（产量由设计生产能力下降至报废为止的时间）。

矿井服务年限可以根据矿井可采储量和生产能力进行计算：

$$T = \frac{Z_K}{AK}$$

式中　T——矿井设计服务年限，a；

Z_K——井田可采储量，10^4 t；

A——矿井设计生产能力，10^4 t/a；

K——储量备用系数，1.3～1.5。矿井地质条件复杂取1.5；地质条件好取1.4；地方小煤矿可取1.3。

储量备用系数的设立，首先是为了保证矿井生产过程中因突破生产能力时，服务年限不至于缩短太多；其次是为了防止井田储量因地质构造变化大而大幅度减少；最后是为了防止自然条件变化时，煤炭开采损失超过设计规定而造成采掘接替紧张、井田开采时间缩短。

矿井服务年限应与矿井生产能力相适应。为了充分发挥投资效果和人力与物力的作用，在相当长时期内稳定地供应煤炭，大型矿井的服务年限应该长些；中小型矿井的服务年限则可以适当短些。《煤矿工业矿井设计规范》对不同井型矿井的服务年限做出了规定，见表1-1。

表1-1　我国各类井型的矿井和水平设计服务年限

井　型	矿井设计生产能力/(10^4 t·a^{-1})	矿井设计服务年限/a	水平设计服务年限/a		
			开采0°～25°煤层的矿井	开采25°～45°煤层的矿井	开采45°～90°煤层的矿井
特大	300及以上	70	30～40	—	—
大	120、150、180、240	60	20～30	20～30	15～20

表1-1（续）

井　型	矿井设计生产能力/ $(10^4 \text{ t} \cdot \text{a}^{-1})$	矿井设计服务年限/a	水平设计服务年限/a		
			开采0°~25°煤层的矿井	开采25°~45°煤层的矿井	开采45°~90°煤层的矿井
中	45、60、90	50	15~20	15~20	12~15
小	9、15、21、30	各省自定	—	—	—

注：大型矿井第一水平服务年限应不低于30年。

随着科学技术的发展，各种新技术、新工艺、新装备、新材料不断出现，使矿井的开采技术和装备条件不断改善，再加上国民经济对煤炭的需求和能源结构的变化，矿井井型和服务年限之间的合理关系不是一成不变的。

复习思考题

一、填空题

1. 与煤矿生产有关的地球物理性质主要有 _____、_____、_____、_____和_____。

2. 地球的压力有两种：一是_____，它是由上覆地球物质的质量产生的；二是_____，主要受地质构造的影响，也有随深度而加大的趋势。

3. 褶皱中的一个弯曲称为褶曲，褶曲的两种基本形式是_____和_____。

4. 构造节理分为_____和_____两种类型。

5. 在现有_____和_____条件下，可采的最小煤层厚度称为最低可采厚度，其大小主要根据国家的_____、地区对资源的需求、_____、_____、_____等因素来确定。

二、判断题

1. 根据断层两盘相对位移的方向，将断层分为走向断层、倾向断层和斜交断层3种。　　　　　　　　　　　　　　　　　　　　　（　　）

2. 正断层的上盘相对下降，下盘相对上升。　　　　　　　　　（　　）

3. 根据煤层厚度对开采技术的影响，可将煤层分为薄煤层、中厚煤层和厚煤层3种。　　　　　　　　　　　　　　　　　　　　　（　　）

4. 只要煤层中含有一层稳定的夹矸层，该煤层即可称为复杂结构煤层。　（　　）

5. 巷道的长轴线与水平面有一定的夹角的巷道称为倾斜巷道，如斜井、上下山、石门等。　　　　　　　　　　　　　　　　　　　　　（　　）

6. 通风系统不属于矿井主要通风系统。　　　　　　　　　　　（　　）

三、问答题

1. 什么是磁偏角？

2. 什么是地球的压力？它包括哪两种类型？

3. 什么是断裂构造？分为哪几种？

4. 断层如何分类的？

5. 根据煤层厚度的变化，煤层分为哪几类？各有何特点？

6. 按井巷空间位置将井巷分为哪几种？举例说明。

7. 井下主要生产系统包括哪些？

8. 影响矿井生产能力的因素有哪些？

项目二　矿井开拓开采基础知识

【学习目标】

1. 掌握井田开拓方式的分类和适用条件。
2. 了解开拓方式合理选用的原则。
3. 了解井筒位置的选定。
4. 掌握运输大巷的布置方式。
5. 掌握采煤方法的分类。
6. 掌握井底车场的概念。

课题一　井田开拓方式

为了采煤，从地面向井下开掘一系列井巷进入煤体，并建立完善的提升、运输、通风、排水和动力供应等生产系统称为井田开拓。用于井田开拓的井下巷道的形式、数量、位置及其相互联系和配合称为井田开拓方式。合理的井田开拓方式经过多种方案的技术经济比较后，才能确定。

一、井田开拓方式分类及原则

1. 井田开拓方式分类

由于具体井田地质条件和开采技术条件的不同，井田开拓方式种类很多，一般可根据下列特征分类：

（1）根据井筒形式可分为立井开拓、斜井开拓、平硐开拓和综合开拓四类。

（2）根据开采水平数目可分为单水平开拓、多水平开拓两类。

（3）根据阶段内的布置方式可分为采区式、分段式及带区式三类。

（4）根据开采准备方式可分为上山式、下山式及混合式。

2. 确定井田开拓方式的原则

一个井田可有几种开拓方式，必须对各种开拓方式进行技术经济比较，确定其中最合理的一种开拓方式，因此对矿井开拓方式的选择要十分慎重。

确定井田开拓方式应遵循以下几项原则：

（1）合理集中开拓，生产系统完善、简化，创造良好的生产条件。

（2）建井期短、出煤快、出好煤、建设高产高效。

（3）劳动生产率高，吨煤成本低，煤柱损失少，提高采出率。

（4）尽量采用新技术装备，为采煤机械化、自动化创造条件。

（5）在保证生产可靠和安全的前提下，尽可能减少开拓工程量。

（6）满足市场对不同煤种、不同煤质的需要。

由于开拓方式特点不同，对于储量丰富，煤层埋藏较深，走向和倾斜长度比较大，各种厚度和各种倾角的煤层或煤层群，尤其是急倾斜煤层或煤层群，多采用立井开拓；对于表土不厚，地质和水文地质条件比较简单，埋藏不深的缓倾斜煤层或煤层群，多采用斜井开拓；若地形许可，应尽量采用平硐开拓。

二、斜井开拓

斜井开拓在我国煤矿中应用很广，按井田内划分和阶段内的布置方式不同，斜井开拓可分为集中斜井和片盘斜井等多种开拓方式。

主、副井均为斜井的开拓方式称为斜井开拓，如斜井单水平分区式、斜井单水平分带式、斜井多水平分区式、斜井多水平分段式等。

1. 片盘斜井开拓

片盘斜井开拓又称斜井多水平分段式开拓，片盘斜井开拓是斜井开拓的一种最简单的形式。井田沿倾斜方向按标高划分成若干个阶段，每个阶段相当于采区的一个区段，习惯上称为片盘，适于布置一个采煤工作面。在井田沿走向中央由地面向下开凿斜井井筒，并以井筒为中心由上而下逐阶段开采，如图2-1所示。井田沿倾斜方向划分为4个阶段。阶段内按整个阶段布置，并且每一阶段斜宽布置一个采煤工作面。

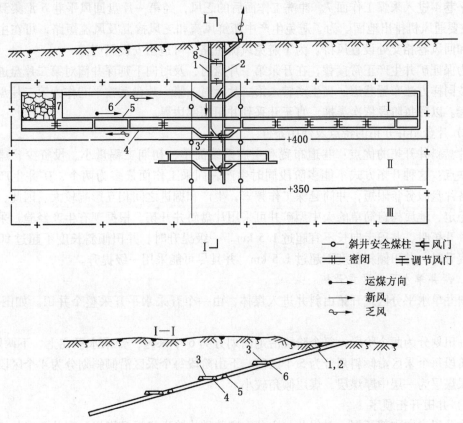

1—主井；2—副井；3—盘区车场；4—第二片盘回风平巷；5—第一片盘运输平巷；
6—第一片盘回风平巷；7—采煤工作面；8—联络巷

图2-1　片盘斜井开拓

1）井田开掘顺序

在井田沿走向中央沿煤层倾斜方向向下开掘一对斜井，直达第一片盘的下部边界。斜井 1 为主井，用于进风和运煤；斜井 2 为副井，用于提升矸石，运送材料和人员，兼作回风。两井均在煤层之中，且两井筒相距 30～40 m。为了掘进通风方便和沟通两井筒间的联系，每隔一段距离开掘联络巷 8 将两井筒连通。在第一片盘下部从井筒开掘第一片盘车场。

在第一片盘下部边界和上部边界开掘第一片盘运输平巷 5 和第一片盘回风平巷 6、第二片盘回风平巷 4。为了掘进方便，第一片盘运输平巷 5、第二片盘回风平巷 4 之间每隔一定距离掘联络眼连通。当第一片盘运输平巷 5 和第一片盘回风平巷 6 掘至井田边界处时，由第一片盘运输平巷 5 向第一片盘回风平巷 6 掘开切眼将 5、6 连通，并在开切眼内安设采煤设备后，采用后退式开采。

2）主要生产系统

运煤系统：采煤工作面 7 采出的煤，由工作面刮板输送机送出，经片盘运输巷用矿车运至片盘车场，由主井 1 提升至地面。

材料设备由副井 2 进入，经第一片盘回风平巷 6 运往工作面上出口，供工作面使用。

通风系统：新鲜风流由主井 1 进入，经盘区车场 3、第一片盘运输平巷 5、第二片盘回风平巷 4 进入采煤工作面 7。冲洗工作面后的乏风，经第一片盘回风平巷 6 汇集到副井 2 由主要通风机排出地面。为了避免生产中新鲜风流和乏风掺混及风流短路，可在主要进风巷和回风巷相交处设置风桥。为了避免风流短路，可适当安设风门。

为保证矿井生产正常接替，在开采第一片盘时，及时向下延深井筒对第二片盘进行开拓，按同样方法布置巷道。当生产转入第二片盘时，第一片盘运输平巷作为第二片盘的回风平巷。以后每阶段依次类推，直至开采到井田深部边界。

3）片盘斜井开拓的特点及使用条件

片盘斜井开拓的优点：巷道布置和生产系统简单，初期工程量小、投资少、建井期短。缺点：这种开拓方式不能多阶段同时生产，同采工作面最多为两个，矿井生产能力小；各片盘服务年限短，井筒延深工作频繁，生产和掘进之间相互影响较大。因此，煤层赋存稳定、地质构造简单的大中型矿井可采用片盘斜井开拓。根据现有生产经验，采用片盘斜井开拓时，井田走向长不宜超过 1.5 km。一级提升时，井田倾斜长度不超过 800 m；两级提升时，井田倾斜长度不超过 1.5 km，并且尽可能采用一级提升。

2. 斜井单水平分区式开拓

斜井单水平分区式开拓由斜井进入煤体，由一个开采水平开采整个井田。如图 2-2 所示。

井田划分为两个阶段，每个阶段沿走向划分为 6 个采区；开采水平在上、下两阶段；上山阶段每个采区沿倾斜划分为 5 个区段，下山阶段每个采区沿倾斜划分为 4 个区段。矿井可采煤层为一层中厚煤层，煤层倾角较小。

1）井田开拓顺序

在井田走向中部开掘一对斜井，主井 1 安装带式输送机提升煤炭，副井 2 安装绞车用作辅助提升，且布置在煤层底板岩层中。斜井井筒掘到开采水平后，在开采水平开掘井底车场和硐室，然后向两侧掘进水平运输大巷 4 和水平辅巷 5。水平运输大巷和水平辅巷掘至采区中部位置后，在采区下部布置采区下部车场并开掘采区运输上山6和采区轨道上山7。当采用中央分列式通风时，在主副井施工的同时，在井田浅部沿走向中央开掘回风井12至上山阶段上部车场、区段运输平巷和回风平巷，并掘进开切眼布置工作面进行回采。

2）主要生产系统

运煤系统：工作面采出的煤经区段运输平巷8、采区运输上山6运至下部采区煤仓19。煤炭装入矿车后，由机车牵引经水平运输大巷4至井底煤仓20，并由井底煤仓20装上主井1皮带提至地面。

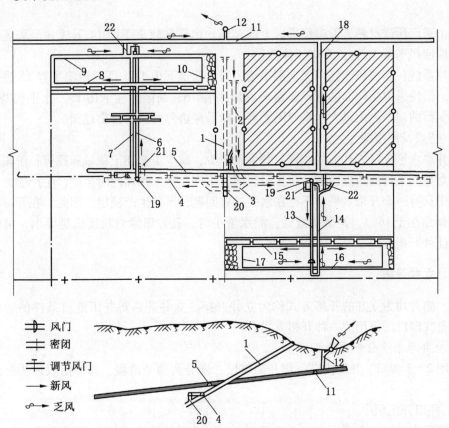

1—主井；2—副井；3—井底车场；4—水平运输大巷；5—水平辅巷；6—采区运输上山；7—采区轨道
上山；8、15—区段运输平巷；9、16—区段回风平巷；10、17—采煤工作面；11—阶段回风平巷；
12—回风井；13—采区运输下山；14—采区轨道下山；18—专用回风上山；19—采区煤仓；
20—井底煤仓；21—行人进风上山；22—回风联络巷

图2-2 斜井单水平分区式开拓

材料、设备由副井2下放至井底车场3，由电机车牵引经水平运输大巷4至采区下部车场。然后由采区轨道上山7经采区中（上）部车场送至区段回风平巷9进入采煤工作面。

通风系统：新鲜风流由主、副井经井底车场、水平运输大巷、采区下部车场、运输上山和区段运输平巷进入工作面。冲洗工作面后的乏风，经区段回风平巷、水平回风大巷由边界风井排出地面。

阶段内采用前进式开采顺序：先开采井筒附近的采区，随后由采区向井田两侧边界推进。在一个采区结束以前，应准备好下一个采区，做到采区顺利接替。

第二阶段为下山开采。由水平运输大巷在采区中部位置布置采区上部车场，并沿煤层向下掘采区运输下山 13 和采区轨道下山 14，然后在采区内掘区段平巷，通过区段平巷构成工作面进行回采。

运煤系统：下山采区工作面采出的煤向下运至区段运输平巷 15，然后通过采区运输下山 13 向上运至采区煤仓 19，装车后经水平运输大巷运至井底车场由主井 1 提升至地面。

下山采区所需材料、设备经采区上部车场，由采区轨道下山 14 下放并经采区中部车场、区段回风平巷 16 进入采煤工作面。

通风系统：新鲜风流经采区上部车场、采区轨道下山 14、区段运输平巷 15 进入采煤工作面。清洗采煤工作面的乏风经区段回风平巷 16、采区运输下山 13、水平辅巷 5、上山阶段保留的回风上山进入水平回风大巷，然后经边界回风井排出地面。

3）特点及使用条件

斜井单水平分区式开拓的优点：开采水平少，减少了初期工程量和投资；阶段分采区布置，对地质条件的适应性强，可多采区同时生产、多工作面同时生产，生产能力大。此外，由于只有一个开采水平，不存在水平接替问题，矿井生产稳定。因此，在开采缓倾斜煤层（倾角小于 16°），瓦斯含量低，涌水量小时，且井田倾斜长度满足要求，可优先考虑采用此种开拓方式。

三、立井开拓

主、副井均为立井的开拓方式称为立井开拓。立井开拓对井田地质条件的适应性很强，也是我国广泛采用的一种开拓方式。

1. 立井单水平分带式开拓

如图 2-3 所示，井田内有一层开采煤层，划分为两个阶段，每个阶段内为分带式布置。

1）井田开掘顺序

在井田中央从地面开掘主井 1 和副井 2，当掘至开采水平标高后，开掘井底车场 3、主要运输大巷 4、回风石门 5、回风大巷 6，当阶段运输大巷向两翼开掘一定距离后，即可由大巷掘行人进风斜巷 12、运料斜巷 11 进入煤层，沿煤层开掘分带运输巷 7、带区煤仓 10、分带回风巷 8。最后沿煤层走向掘进开切眼即可进行回采。

2）主要生产系统

运煤系统：工作面采出的煤由工作面刮板输送机运至分带运煤斜巷，经转载机至带式输送机运到溜煤眼，在运输大巷装入矿车，由电机车牵引到井底车场，由主井提升至地面。

采煤工作面所需物料及设备从副井运到井底车场，由电机车牵引到分带材料车场，从斜巷利用小绞车提升到分带回风巷，运送到采煤工作面。

通风系统：新鲜风流从地面经副井、井底车场、运输大巷、行人进风斜巷，从分带运输巷分别进入两个采煤工作面。清洗采煤工作面后的乏风，由各自的分带回风巷到总回风

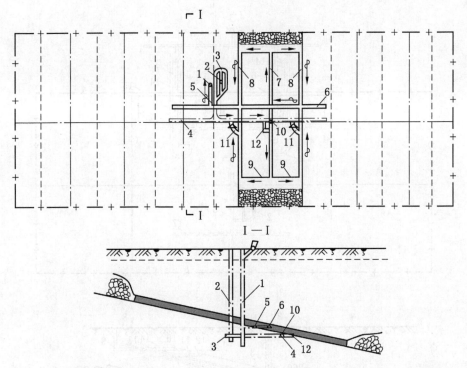

1—主井；2—副井；3—井底车场；4—主要运输大巷；5—回风石门；6—回风大巷；7—分带运输巷；
8—分带回风巷；9—采煤工作面；10—带区煤仓；11—运料斜巷；12—行人进风斜巷

图 2-3　立井单水平分带式开拓

巷，经回风石门进入主井由通风机排出地面。

3）立井开拓的特点及使用条件

该开拓方式的生产系统比较简单、运输环节少、通风路线短、建井速度快、投产早，但其上山阶段的分带回风巷是下行风，应采取措施防止分带回风巷中瓦斯积聚，保证安全生产。

如图 2-3 中没有单独开掘回风井，采用箕斗井兼作回风井。根据《煤矿安全规程》的规定，箕斗提升井兼作回风井时，井上下装、卸载装置和井塔（架）必须有完善的封闭措施，其漏风率不得超过 15%，并应有可靠的防尘设施；箕斗提升井兼作进风井时，箕斗提升井筒中的风速不得超过 6 m/s，并应有可靠的防尘措施。目前我国很少应用箕斗井进风。

该开拓方式适用于煤层倾角小于 12°、地质构造简单、煤层埋藏较深的矿井。

2. 立井多水平分区式开拓

图 2-4 所示为立井多水平分区式开拓。该井田为缓斜煤层，开采两个煤层，煤层赋存较深。井田沿倾斜分两个阶段，阶段下部标高分别为 -260 m、-400 m，设两个开采水平；在阶段内沿走向再划采区，图中是 4 个采区。

1）井田开掘顺序

在井田中部从地面开掘一对立井，主副井筒到 -260 m 第一水平后，开掘井底车场及主石门 3，然后在最下一层煤的底板岩层中开掘 -260 m 水平运输大巷 4 向两翼伸展，当

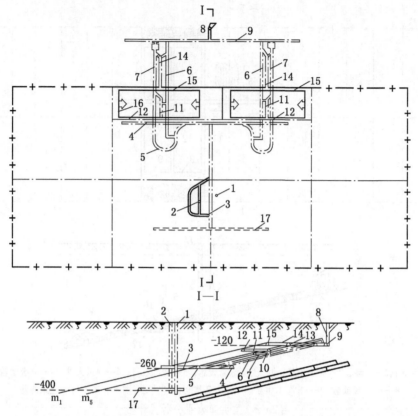

1—主井；2—副井；3—井底车场及主石门；4—−260 m水平运输大巷；5—采区下部车场；6—采区运输上山；
7—采区轨道上山；8—回风井；9—总回风大巷；10—m_5区段运输平巷；11—区段运输石门；
12—m_1区段运输平巷；13—m_5区段回风平巷；14—区段回风石门；15—m_1区段回
风平巷；16—采煤工作面；17—−400 m水平运输大巷区段溜煤眼

图2-4　立井多水平分区式开拓

其掘至各采区中部时，开掘采区下部车场5、采区运输上山6、采区轨道上山7，与总回风大巷9连通形成通风系统，再继续进行采区内巷道的掘进。井田上部边界的回风井8、回风石门和总回风大巷9常与大巷等同时开掘。

采区上山开掘各区段的中部车场及区段运输石门11，各煤层的区段运输平巷10、12，区段回风平巷13、15和各煤层的开切眼。

2）主要生产系统

运煤系统：工作面采出的煤经区段运输平巷、区段石门、区段溜煤眼、采区运输上山、采区煤仓在运输大巷装车，电机车牵引载煤列车至井底车场卸载后，由主井内安装的箕斗将煤炭提升至地面。

井下所需材料、设备由矿车装载，经副井罐笼运至井底车场，由电机车运到采区，转运至使用地点。

通风系统：由副井进入的新鲜风流，经井底车场、主要运输大巷、采区车场、采区上山、区段石门、区段运输平巷到达工作面；清洗采煤工作面后的乏风经区段回风平巷、区段回风石门、采区上山至总回风道，再经回风石门由边界回风井排出地面。

3）立井多水平开拓的特点及使用条件

立井多水平分区式开拓可布置几个采区同时生产，生产能力和增产潜力大，但巷道布置、运输系统比较复杂，井巷工程量大，占用设备多，投资大。该方式主要应用于煤层数目多、倾角大（尤其是急倾斜煤层）、煤层埋藏较深的大中型矿井。

四、平硐开拓

从地面利用水平巷道进入煤体的开拓方式称为平硐开拓。

采用平硐开拓时一般以一条主平硐开拓井田，主平硐担负运煤、运料、排矸、运送材料设备、排水、进风、行人和敷设管线及电缆等任务。在井田上部回风水平开回风平硐或回风井用于全矿井的回风。

按平硐与煤层走向的相对位置不同，平硐分为走向平硐、垂直和斜交平硐；按平硐所在标高不同，平硐分为单平硐和阶梯平硐。

1. 走向平硐

平行于煤层走向布置的平硐称为走向平硐，如图2-5所示。一般沿煤层走向开掘把煤层分为上、下山两个阶段，具有单翼井田开采的特点。从走向平硐开掘石门进入每个采区，走向平硐工程量小、投资省、施工容易、建井期短、出煤快，但具有单翼开采，通风、运输困难，平硐口位置不易选择等缺点。

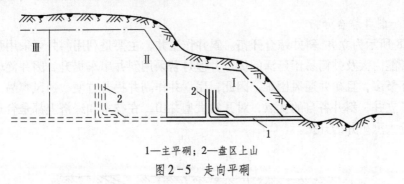

1—主平硐；2—盘区上山

图2-5　走向平硐

2. 垂直或斜交平硐

垂直或斜交于煤层走向布置的平硐称为垂直或斜交平硐，如图2-6所示。根据地表地形，平硐可由煤层顶板进入煤层或由煤层底板进入煤层。平硐将井田沿走向分成两部分，具有双翼井田开拓的特点。

与走向平硐相比，垂直或斜交平硐具有双翼井田开拓运输费用低、矿井生产能力大、通风容易、巷道维护时间短、便于管理的优点，但岩石工程量大，建井期长，初期投资大。

3. 阶梯平硐

当地形高差较大，主平硐水平以上煤层垂高过大时，可将主平硐以上煤层划分为数

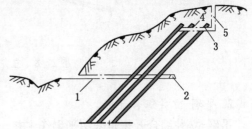

1—主平硐；2—运输大巷；3—回风大巷；
4—回风石门；5—回风井

图2-6　垂直平硐

个阶段，每个阶段各自布置平硐进行开拓的方式，称为阶梯平硐，如图2-7所示。

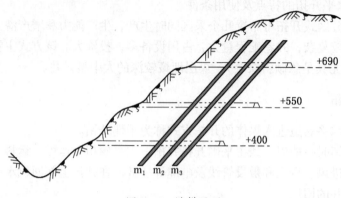

图2-7　阶梯平硐

五、综合开拓方式

采用立井、斜井、平硐等任何两种或两种以上的开拓方式称为综合开拓方式。

从井筒形式组合上看，综合开拓方式类型有立井-斜井、平硐-立井、平硐-斜井等。不论哪一种综合开拓方式，其确定的原则都是尽可能充分发挥各种井筒形式的优越性。

1. 立井-斜井综合开拓

图2-8所示为立井-斜井综合开拓。斜井作主井，主要是利用斜井可采用强力带式输送机、提升能力大及井筒易于延深的优点，但是若采用斜井串车提升，因井筒较长则提升能力小、环节多，且矿井通风困难。因此，用立井作副井提升方便、通风容易。这种开拓方式吸取了立井、斜井各自的优点，对开发大型井田，在技术和经济上都是合理的，适用于大型或特大型矿井的开拓。

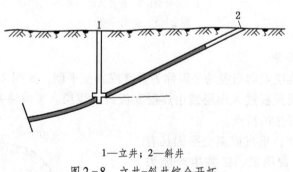

1—立井；2—斜井
图2-8　立井-斜井综合开拓

2. 平硐-立井综合开拓

平硐-立井综合开拓是采用平硐作主井、立井作副井的开拓方式，如图2-9所示。

受地面地形影响，主平硐运输距离长。而煤层下部因受地形限制，瓦斯含量大，需要很大的通风量。为避免长平硐通风阻力大，改用立井作为专用进风井，可大大缩短通风线路长度。另外，该立井延深后还可以担负后期主平硐水平以下煤炭的提升任务，将煤炭提升到平硐后经主平硐运出。

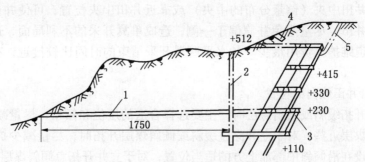

1—平硐；2—立井；3—暗斜井；4—回风平硐；5—回风小井

图2-9　平硐-立井综合开拓

3. 平硐-斜井综合开拓

该井田内有两层煤，煤层倾角小，煤层埋藏稳定。主平硐1担负整个矿井井下运输、排水和通风等任务；开掘副斜井2和阶段辅巷4作为回风井，兼作安全出口。两层煤用暗斜井（阶段运输大巷）3连通，上煤层的煤通过暗斜井运至下煤层后，再由主平硐运出，如图2-10所示。

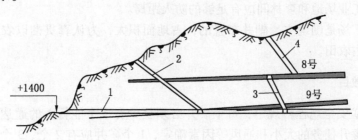

1—主平硐；2—副斜井；3—暗斜井（阶段运输大巷）；4—阶段辅巷

图2-10　平硐-斜井综合开拓

课题二　开拓巷道布置

一、井筒位置

井筒位置与井筒的形式、用途密切相关。井筒形式确定后，需要正确选择井筒位置。由于井筒上接工业广场，下接开采水平，在整个矿井服务年限内生产部署很难改变，因此正确确定井筒位置是井田开拓的重要问题。

在确定井筒位置时，既要考虑煤层赋存的地质条件，选择有利于井下生产的合理位置，又要考虑地形条件，满足布置工业广场的要求。

1. 选择井筒位置要对井下开采有利

井筒的位置应使井巷工程量、井下运输量、巷道维护费用较少，通风安全条件好，煤柱损失少,有利于井下开采。

1)井筒沿井田走向的位置

井筒应沿井田中央(储量分布的中央)或靠近井田中央位置,可使井田两翼储量比较均衡的双翼井田,尽量避免井筒偏于一侧,造成单翼开采的不利局面,这样使井下运输、通风、巷道维护等费用最少。各水平两翼开采结束的时间比较接近,有利于采区接替。

2)井筒沿井田倾向的位置

对于斜井开拓缓斜或倾斜煤层时,主要选择合适的层位和倾角,尽量减少石门长度,井筒应距下部煤层近些;对于立井穿过缓斜或倾斜煤层开拓时,尽量减少护井煤柱损失,可考虑使井筒设在沿倾斜中部靠上方的适当位置;对于立井开拓急倾斜煤层时,井筒应位于底板岩石移动界线之外,如穿过急倾斜煤层,井筒宜靠近煤层浅部,则要考虑煤柱损失。

2. 选择井筒位置要结合地质和水文地质条件进行考虑

应位于坚硬稳固的岩层或煤层中,应尽可能不通过或少通过流砂层、较厚的冲击层及较大的含水层、溶洞、较大的断层和有煤与瓦斯突出危险的煤层。

3. 选择井筒位置要结合地形条件,满足工业广场布置的要求

井筒应高于当地最高洪水位1 m以上,避免洪水淹井;考虑雨水和污水排出的问题;在森林地区,工业场地和森林间应有足够的防火距离。

地面工业广场是围绕主、副井布置的,占地面积大,为认真贯彻以农业为基础的方针,应考虑少占农田。

二、井筒数目

根据《煤矿安全规程》规定,每个矿井必须至少有2个能行人的通达地面的安全出口。根据矿井提升任务的大小和通风等因素确定,1个矿井应有2个、3个井筒或多个井筒。

三、运输大巷的布置方式

沿煤层走向布置,为水平或一个阶段运输服务的水平巷道称为运输大巷。开采水平布置的核心问题是运输大巷的布置方式及其位置的确定。根据煤层的数目和间距,运输大巷的布置方式有分层运输大巷、集中运输大巷和分组集中运输大巷3种。

1. 分层运输大巷

在开采水平各煤层中均单独开掘运输大巷,用主要石门或溜井与井底车场相通的叫作分层运输大巷,如图2-11所示。

分层运输大巷可以沿煤层掘进,也可以在煤层底板中开掘。在煤层中开掘施工容易,掘进速度快,成巷费用低,建井速度快;但井下运输、装载分散,总的工程量较大,生产管理不便。

2. 集中运输大巷

在开采近距离煤层群时,开采水平内只开一条运输大巷为各煤层服务,这条运输大巷叫作集中运输大巷。集中运输大巷通过采区石门与各煤层相联系,如图2-12所示。

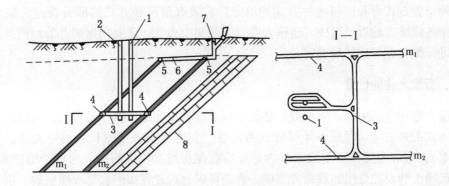

1—主井；2—副井；3—主要石门；4—分层运输大巷；5—分层回风巷；
6—回风石门；7—回风井；8—含水岩层

图2-11 分层运输大巷

集中运输大巷的特点是：开采水平内只布置一条或一对集中运输大巷，故总的大巷开拓工程量、占用的轨道管线均较少；大巷一般布置在煤层底板岩层或最下部较坚硬的薄及中厚煤层中，维护较易，生产区域比较集中，有利于提高井下运输效率，建井期较长。因此，这种方式适用于煤层数目较多、储量较丰富、层间距不大的矿井。

3. 分组集中运输大巷

井田内的煤层分为若干煤组，每一煤组布置一条运输大巷担负本煤组的运输任务，称为分组集中运输大巷，如图2-13所示。分组集中运输大巷之间用主要石门联系，煤组内各煤层之间用采区石门相联系。

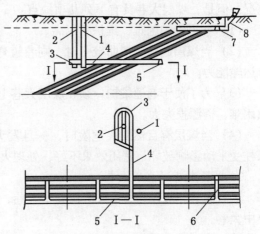

1—主井；2—副井；3—井底车场；4—主要石门；5—集中运输大巷；6—采区石门；7—集中回风巷；8—回风井

图2-12 集中运输大巷

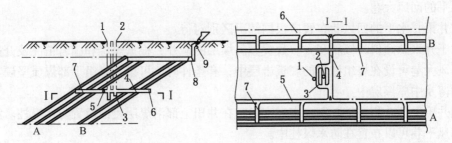

1—主井；2—副井；3—井底车场；4—主要石门；5—A煤组集中运输大巷；
6—B煤组集中运输大巷；7—采区石门；8—回风大巷；9—回风井

图2-13 分组集中运输大巷

这种布置方式可看作前两种方式的综合，它兼有前两种方式的部分特点，煤层群开拓，根据各煤层的远近及组成，运输大巷宜采用集中布置，还要根据矿井的地质及生产技术条件进行综合分析比较后确定。

四、运输大巷的位置

运输大巷在煤组中的具体位置直接关系到大巷掘进和维护的难易程度。大巷位置与大巷布置方式关系密切。对服务年限较长的大巷（如水平服务年限长的集中大巷、分组集中大巷等），最好布置在不受采动影响的煤层或煤层组底板岩石中。为便于维护和使用，通常将运输大巷设在煤组的底板岩层中，有条件时也可设在煤组底部煤质坚硬、围岩稳固的薄及中厚煤层中。

1. 煤层大巷

通常分煤层运输大巷为煤层内大巷。条件适宜的集中大巷有时也在煤层内。大巷设在煤层内，掘进施工容易，掘进速度快，有利于采用综掘，沿煤掘进能进一步探明煤层赋存情况。但是，煤层大巷具有下列几项缺点：

（1）巷道维护困难，维护费用高。

（2）当煤层起伏、褶曲较多时，则巷道弯曲转折多，机车运行速度受到限制，将降低运输能力。

（3）为了便于巷道维护，须在煤层大巷上下两侧各留40~50 m以上的煤柱，煤柱回收困难，资源损失大。

（4）当煤层有自然发火危险时，一旦发火就必须封闭大巷，导致矿井停产，而且因煤柱受采动影响破坏，密闭效果不好，处理火灾更感困难。

2. 岩层大巷（岩石大巷）

岩石大巷一般作为集中或分组集中大巷，为单一厚煤层设置的岩石大巷，实质上也是集中大巷。

选择岩石大巷的位置，主要考虑两方面因素：一是大巷至煤层的距离；二是大巷所在岩层的岩性。

五、阶段回风巷布置

回风大巷的布置与运输大巷布置的原则基本相同，实际上，上水平的运输大巷通常作为下水平的回风大巷。

矿井第一水平的回风巷布置应根据情况区别对待。

对于开采急倾斜、倾斜和大多数缓倾斜煤层的矿井，根据煤层和围岩情况及开采的要求，回风大巷可设在煤组稳定的底板岩层中；有条件时，可设在煤组下部煤质坚硬、围岩稳固的薄及中厚煤层中。

当井田上部冲积层较厚和含水丰富时，在井田上部沿煤层侵蚀留置防水煤柱。第一阶段的回风平巷可以布置在防水煤柱中。

对一些多水平生产的矿井，为使上水平的进风与下水平的回风互不干扰，有时要在上水平布置一条与集中运输大巷平行的下水平回风大巷。该回风大巷有时也可利用运输大巷的配风巷（掘进大巷时的辅巷）。多井筒分区域开拓的矿井也不设矿井总回风道。

六、井底车场

井底车场是连接井筒与井下主要运输巷道的一组巷道和硐室的总称，是连接井下运输和井筒提升的枢纽，是矿井生产的咽喉。因此，井底车场设计得是否合理，直接影响着矿井的安全和生产。

井底车场由运输巷道和硐室两大部分组成，如图 2-14 所示为立井刀式环形井底车场（大巷采用固定式矿车运煤）。

由图 2-14 可知，井底车场的巷道线路包括主井重车线 14、主井空车线 15、副井重车线 16、副井空车线 17、材料车线 18、绕道回车线 19、调车线 20 以及一些连接巷道，井底车场的硐室主要包括：主井系统硐室—翻笼（翻车机）硐室 3、煤仓 4、箕斗装载硐室 5、清理井底撒煤斜巷 6 及硐室等；副井系统硐室—中央变电所 7、水泵房 8、水仓 13 及等候室等；其他硐室尚有调度室、电机车修理间、人车停车场等。

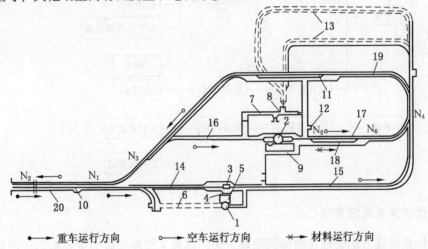

1—主井；2—副井；3—翻笼（翻车机）硐室；4—煤仓；5—箕斗装载硐室；6—清理井底撒煤斜巷；7—中央
变电所；8—水泵房；9—等候室；10—调度室；11—人车停车场；12—工具室；13—水仓；14—主井
重车线；15—主井空车线；16—副井重车线；17—副井空车线；18—材料车线；
19—绕道回车线；20—调车线；N_1、N_2、N_3、N_4、N_5—道岔编号

图 2-14　立井刀式环形井底车场

课题三　采煤方法分类

一、基本概念

（1）采场：用来直接大量采取煤炭的场所。

（2）采煤工作面：在采场内进行回采的煤壁，也叫回采工作面。

（3）采煤工艺：在采煤工作面内，按照一定顺序完成各项工序的方法及其配合。

（4）采煤工艺过程：在一定时间内，按照一定顺序完成各项工序的过程。

（5）采煤系统：巷道的掘进与回采工作之间在时间上的配合以及在空间上的相互位

置关系，也叫回采巷道布置系统。

（6）采煤方法：采煤系统与采煤工艺的综合及其在时间和空间上的相互配合。

采煤方法的分类方式很多，通常按采煤工艺、矿压控制特点将采煤方法分为壁式体系和柱式体系两大类，如图 2－15 所示。

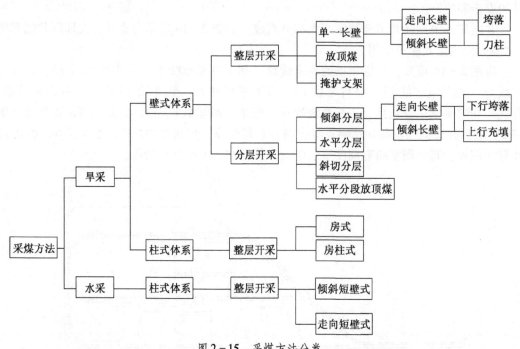

图 2－15 采煤方法分类

二、壁式体系采煤方法

壁式体系采煤方法又称长壁体系采煤方法，以长工作面采煤为主要标志，产量占我国国有煤矿的 95% 以上。

根据煤层倾角不同，按采煤工作面的推进方向又分为走向长壁采煤法和倾斜长壁采煤法两种。走向长壁采煤法是指采煤工作面沿倾向布置，沿走向推进的采煤法；倾斜长壁采煤法是指采煤工作面沿走向布置，沿倾向推进的采煤法。壁式体系采煤法按所采煤层倾角，分为缓斜、倾斜煤层采煤法和急斜煤层采煤法。按煤层厚度，可分为薄煤层采煤法、中厚煤层采煤法和厚煤层采煤法。按采空区处理方法不同，可分为垮落采煤法、刀柱（煤柱支撑）采煤法、充填采煤法。按采用的采煤工艺不同，可分为爆破采煤法、普通机械化采煤法和综合机械化采煤法。按是否将煤层全厚进行一次开采，可分为整层采煤法和分层采煤法。薄煤层、厚度小于 3 m 的中厚煤层采用整层采煤法；厚度较大的中厚煤层、厚煤层既可采用整层采煤法也可采用分层采煤法。

1. 薄及中厚煤层单一长壁采煤方法

壁式体系采煤法，一般具有较长的工作面为其基本特征。如图 2－16a 所示为单一走向长壁垮落采煤法示意图。所谓"单一"即表示整层开采；"垮落"表示采空区处理是采用垮落的方法。由于绝大多数单一长壁采煤法均用垮落法处理采空区，所以简称为单一走向长壁采煤法。

对倾斜长壁采煤法，首先将井田或阶段划分为带区，在带区内布置回采巷道（分带斜巷、开切眼），采煤工作面呈水平布置，沿倾斜推进，两侧的回采巷道是倾斜的，并通过联络巷直接与大巷连通。采煤工作面向上推进称仰斜长壁（图2-16b）；向下推进称俯斜长壁（图2-16c）。为了便于顺利开采，煤层倾角不宜超过12°。

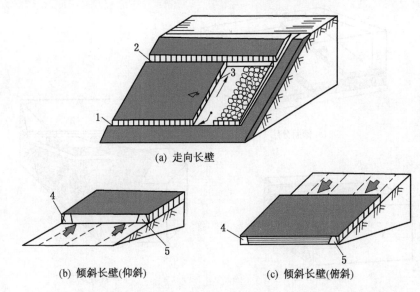

(a) 走向长壁

(b) 倾斜长壁(仰斜)　　　(c) 倾斜长壁(俯斜)

1、2—区段运输、回风平巷；3—采煤工作面；4、5—分带运输、回风斜巷

图2-16　单一长壁采煤法示意图

当煤层顶板极为坚硬时，若采用强制放顶（或注水软化顶板）垮落法处理采空区有困难，也可采用煤柱支撑法（刀柱法），称单一长壁刀柱式采煤法，如图2-17所示。采煤工作面每推进一定距离，留下一定宽度的煤柱（即刀柱）支撑顶板。此法具有工作面搬迁频繁，不利于机械化采煤，资源的采出率低等缺点。

2. 厚煤层分层开采的采煤方法

开采厚煤层及特厚煤层时，利用整层采煤法来开采将会遇到困难，在技术上较复杂。如煤层厚度超过5 m，采场空间支护技术和装备目前尚无法合理解决这个困难。因此，为了克服整层开采的困难，可把厚煤层分为若干中等厚度的分层来开采。

根据煤层赋存条件及开采技术不同，分层采煤法又可以分为倾斜分层、水平分层、斜切分层3种，如图2-18所示。

倾斜分层——将煤层划分成若干个与煤层层面相平行的分层，工作面沿走向或倾向推进。

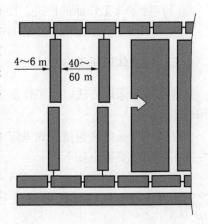

水平分层——将煤层划分成若干个与水平面相平行的分层，工作面一般沿走向推进。

图2-17　刀柱式采煤法示意图

斜切分层——将煤层划分成若干个与水平面成一定角度的分层，工作面沿走向推进。

各分层的回采有下行式和上行式两种顺序。先采上部分层,然后依次回采下部分层的方式称为下行式;先回采最下分层,然后依次回采上部分层的方式称为上行式。

当用下行式回采顺序时,可采用垮落法或充填法来处理采空区;采用上行式回采顺序时,则一般采用充填法。

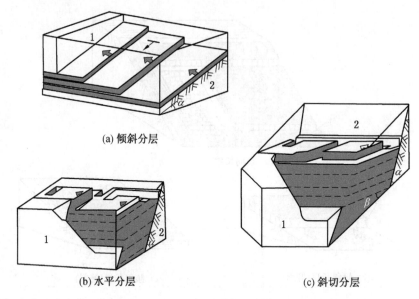

(a) 倾斜分层

(b) 水平分层   (c) 斜切分层

1—顶板;2—底板;α—煤层倾角;β—分层与水平夹角

图 2-18 厚煤层分层开采方法

3. 壁式体系采煤法的特点

(1)采煤工作面的长度较长,较短的有 80~120 m,更长的有 180~240 m;先进国家采煤工作面长度多在 200 m 以上。

(2)采下的煤沿平行于采煤工作面的方向运出采场。

(3)随采煤工作面的推进,要有计划地处理采空区。

(4)采煤工作面两端至少各有一条巷道,用于运输和通风。

三、柱式体系采煤方法

柱式体系采煤方法以短工作面采煤为主要标志。我国柱式体系采煤方法在地方煤矿应用较多。

柱式体系采煤法包括房式采煤法、房柱式采煤法。图 2-19 所示为房柱式采煤法。房柱式采煤法主要特点如下:

(1)在煤层内布置一系列宽 5~7 m 的煤房,开煤房时用短工作面向前推进。房与房之间留设煤柱且煤柱宽数米至二十米不等,每隔一定距离用联络巷贯通,构成生产系统。

(2)开采时矿山压力显现较弱,采用锚杆支护,增大了工作空间。

(3)工作面通风条件较壁式体系采煤法差,采出率也低。

(4)采场内的运输方向是垂直于工作面的,采煤设备均能自行行走,灵活性强。

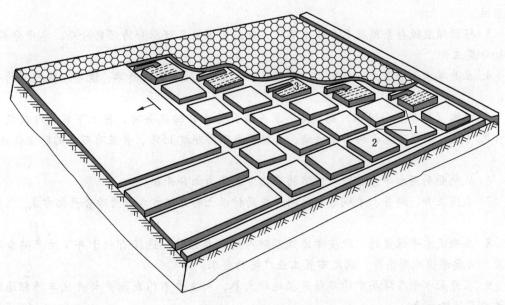

1—煤房；2—煤柱；3—采柱

图 2-19 房柱式采煤法示意图

复习思考题

一、填空题

1. 根据井筒形式，井田开拓方式，可分为 _____、_____、_____、_____ 四类。

2. 在平硐开拓中，平行于煤层走向布置的平硐称为 _____。

3. _____ 是井筒与井下主要运输巷道连接处的一组巷道和硐室的总称，是连接井下运输和井筒提升的枢纽，是矿井生产的咽喉。

4. _____ 是指在采煤工作面内，按照一定顺序完成各项工序的方法及其配合。

5. 壁式体系采煤方法按工作面的推进方向又分为 _____ 和 _____ 两种。

6. 沿煤层走向布置，为水平或一个阶段运输服务的水平巷道称为 _____。

7. 根据煤层的数目和间距，运输大巷的布置形式有 _____、_____ 和 _____ 3 种。

8. _____ 采煤方法以短工作面采煤为主要标志。我国柱式体系采煤方法在地方煤矿应用较多。

9. _____ 是指采煤系统与采煤工艺的综合及其在时间和空间上的相互配合。

10. _____ 是指巷道的掘进与回采工作之间在时间上的配合以及在空间上的相互位置关系，也叫回采巷道布置系统。

11. 井底车场由 _____ 和 _____ 两大部分组成。

二、判断题

1. 开采水平布置的核心问题是运输大巷的布置方式及其位置的确定。 （　　）

2. 选择岩石大巷的位置，主要考虑两方面因素：一是大巷断面；二是大巷所在岩层

的岩性。　　　　　　　　　　　　　　　　　　　　　　　　　　　　　　　　（　　）

3. 根据煤层赋存条件及开采技术不同，分层采煤法又可以分为倾斜分层、水平分层、斜切分层三种。　　　　　　　　　　　　　　　　　　　　　　　　　　　（　　）

4. 立井单水平分带式开拓用于煤层倾角小于21°、地质构造简单、煤层埋藏较深的矿井。　　　　　　　　　　　　　　　　　　　　　　　　　　　　　　　　（　　）

5. 根据《煤矿安全规程》的规定，箕斗提升井兼作回风井时，井上下装、卸载装置和井塔（架）必须有完善的封闭措施，其漏风率不得超过15%，并应有可靠的防尘设施。

　　　　　　　　　　　　　　　　　　　　　　　　　　　　　　　　　　　（　　）

6. 从地面利用水平巷道进入煤体的开拓方式称为立井开拓。　　　　　　（　　）

7. 采用立井、斜井、平硐等任何两种或两种以上的开拓方式称为综合开拓方式。

　　　　　　　　　　　　　　　　　　　　　　　　　　　　　　　　　　　（　　）

8. 在确定水平位置时，既要考虑煤层赋存的地质条件，选择有利于井下生产的合理位置，又要考虑地形条件，满足布置工业广场的要求。　　　　　　　　　　（　　）

9. 在开采水平各煤层中均单独开掘运输大巷，用主要石门或溜井与井底车场相通的叫作分层运输大巷。　　　　　　　　　　　　　　　　　　　　　　　　　（　　）

10. 运输大巷在煤组中的具体位置直接关系到石门掘进和维护的难易程度。（　　）

三、简答题

1. 片盘斜井开拓的优点、缺点和适用条件是什么？

2. 斜井单水平分区式开拓的优点、缺点和适用条件是什么？

3. 立井开拓的优点、缺点和适用条件是什么？

4. 简述平硐开拓有几种方式，说明其布置特点及适用条件。

5. 什么叫综合开拓方式？通常有哪几种综合开拓方式？

6. 解释以下概念：阶段、开采水平、石门、上山、下山、暗井、开拓巷道、准备巷道、回采巷道。

7. 运输大巷的位置如何确定？有几种布置方式？

8. 选择井底车场形式时，需要考虑哪些因素？

9. 什么是采煤工艺和采煤方法？

10. 柱式体系采煤方法包括哪些？

项目三　矿山压力与控制基础知识

【学习目标】

1. 了解煤层顶底板的分类，熟悉其中的一些基本概念。
2. 掌握支撑压力的形成及影响因素。
3. 熟悉直接顶和基本顶压力的类型及主要特征。
4. 熟悉并掌握冲击地压现象，了解冲击地压发生的影响因素及防治措施。

课题一　顶底板分类

在正常的沉积序列中，位于煤层上下一段距离内的岩层称为煤层的顶底板。煤层顶底板的岩石性质、节理发育程度、含水性、可塑性等直接影响着煤矿的采掘生产，是确定巷道支护方法、顶板控制方法的重要依据，同时还影响到机械化采煤设备的选择。

一、顶板

直接位于煤层上部一段距离内的岩层称为顶板。从采掘工作角度，根据顶板岩层变形及垮落性质不同，顶板分为伪顶、直接顶、基本顶 3 种，如图 3-1 所示。

（1）伪顶：直接位于煤层之上，为一层极易垮落的薄层岩石，常随采随落。厚度不大，仅几厘米到数十厘米，岩性多为炭质泥岩、泥岩或页岩等。

（2）直接顶：通常位于伪顶之上，有的则直接位于煤层之上，由较易垮落的一层或几层岩石组成，经常是煤采出后不久便自行垮落。厚度一般为数米，岩性常为砂岩、泥岩及石灰岩等。

（3）基本顶：一般位于直接顶之上，有时也直接位于煤层之上，为不易垮落的坚硬岩层，通常在煤采出后较长时间内不垮落，往往是发生大面积沉降。厚度较大，岩性多为砂岩，也有石灰岩、砂砾岩等。

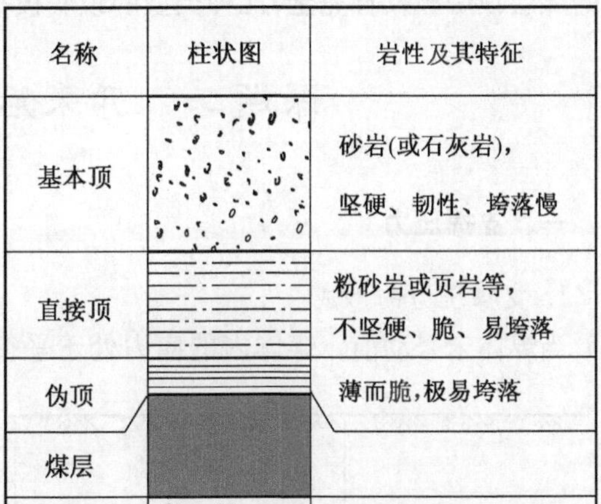

名称	柱状图	岩性及其特征
基本顶		砂岩(或石灰岩)，坚硬、韧性、垮落慢
直接顶		粉砂岩或页岩等，不坚硬、脆、易垮落
伪顶		薄而脆，极易垮落
煤层		
直接底		黏土页岩，松软、胀
基本底		灰岩或砂岩，较坚硬

图 3-1　煤层顶底板示意图

直接顶是工作面支架直接支护的对象，直接顶的稳定程度是选择支架支护方式或支架形式的重要依据。根据岩层的实际情况，一般把直接顶分为 3 类：一类直接顶（不稳定）——回采时不及时支护，很容易造成局部冒顶，如页岩、煤皮、再生顶板等；二类直接顶（中等稳定）——顶板虽有裂隙，但仍比较完整，如砂质页岩；三类直接顶（稳定）——顶板允许悬露较大面积而不垮落，直接顶完整，如砂岩或坚硬的砂质页岩。

基本顶的压力主要由工作面前方的煤壁支撑，采空区的充填物也有一定的支撑作用。基本顶分类尚无统一规定，根据基本顶对工作面的压力（初次来压和周期来压）及初次来压步距把基本顶分为4类：Ⅰ类基本顶——初次来压和周期来压不明显，来压时缓和无冲击，来压的大小相当于或小于6～8倍采高的顶板岩层重量。初次来压步距大于25 m。Ⅱ类基本顶——初次来压和周期来压很明显，来压的大小相当于8～12倍采高的顶板岩层重量。初次来压步距为25～50 m。Ⅲ类基本顶——初次来压和周期来压强烈，来压的大小相当于12～14倍采高的顶板岩层重量。初次来压步距为25～50 m。Ⅳ类基本顶——平时顶板无压力，采空区悬露面积达几千平方米甚至上万平方米不垮落，初次来压和周期来压时，顶板垮落常形成狂风、巨响，初次来压步距大于50 m，甚至可达100～150 m。这种顶板多为极坚硬的厚砂岩或砾岩。

二、底板

直接位于煤层下部一段距离内的岩层称为煤层底板。底板可分为直接底和基本底两种，如图3-1所示。

（1）直接底：直接位于煤层之下的岩层。厚数十厘米，多为富含植物根部化石的泥岩或黏土岩。若为黏土岩，遇水会发生膨胀，可导致底板隆起，影响运输甚至破坏巷道。

（2）基本底：位于直接底之下的岩层。厚度大，岩性常为砂岩、粉砂岩或石灰岩。

由于煤层顶底板形成时期的沉积环境及演变不同，煤层顶底板性质及发育程度有差异。有的煤层顶底板发育完全，几种类型的顶底板都存在，有的则缺失某种类型的顶板或底板。

课题二　开采后顶板活动规律

一、支撑压力

1. 支撑压力的形成

当煤体未采动前，煤体内的应力处于平衡状态，煤体上所受的力为上覆岩层的重力 γH（γ 为岩层的重力密度，t/m^3；H 为煤层埋藏深度，m）。

当在煤体内开掘开切眼后，破坏了应力的平衡状态，引起应力重新分布，如图3-2所示。这时在开切眼上部顶板内形成了自然平衡"压力拱"。开切眼上部岩体重量 Q 由两侧煤壁平均分担。因此，在开切眼两帮煤体中产生了应力集中现象，这种集中应力称为支撑压力，它的大小为原始应力 γH 的1.25～2.5倍，最大值可为

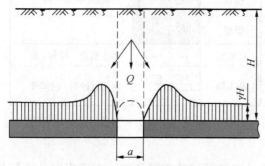

a—开切眼宽；Q—开切眼上部岩体重量

图3-2　煤体内开掘开切眼后应力重新分布

原始应力的 2 ~ 4 倍或更大。

由于"压力拱"的存在，开切眼处于减压状态。随着工作面推进，开切眼扩大了，"压力拱"破坏而消失，在工作面前方煤体中同样产生支撑压力带，其范围自工作面前方 2 ~ 3 m 起直至 10 ~ 45 m，有时可达 100 m，最大支撑压力区距煤壁 5 ~ 15 m；在工作面后方，当采空区充填物压实到一定程度后，也产生支撑压力带，前后两个支撑压力带随工作面推进而移动（图 3 - 3）。

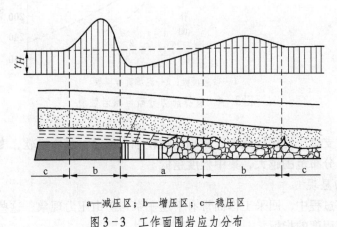

a—减压区；b—增压区；c—稳压区

图 3 - 3　工作面围岩应力分布

从图 3 - 3 可以看出，由于采动影响的结果，在工作面前方煤体中和工作面后方的采空区内，根据压力分布不同可分为 3 个区：a——减压区，应力小于原始应力；b——增压（支撑压力）区，应力大于原始应力；c——稳压区，应力等于原始应力。

在回采工作面上下两端的区段煤柱内，回采和掘进区段平巷支撑压力的分布特征和工作面前方的支撑压力基本相同。当回采工作面推进较长距离后，区段煤柱内的支撑压力可随顶板垮落而逐渐消失。

2. 影响支撑压力大小、分布的因素

支撑压力的大小及其分布与顶板悬露的面积和时间、开采深度、采空区充填程度、顶底板岩性、煤质软硬有关。

采空区顶板悬露面积越大，时间越长，顶板压力就越大，而支撑压力的分布范围和集中程度也越大。

开采深度越大，悬露顶板的重量越大，支撑压力也越大。

采空区充填程度越密实，煤壁内支撑压力越小。例如，采用全部充填时，上部顶板下沉后很快就会被充填物支撑，这时悬露顶板岩层的重量转移到周围煤体上的压力就越小。因此，采用全部充填法处理采空区比采用全部垮落法处理采空区，煤壁内的支撑压力分布范围和大小要小得多。

顶板岩层越坚硬，顶板压力分布越均匀，支撑压力分布范围就越广，支撑压力的集中程度就越小。例如，砂岩顶板支撑压力的影响范围可达到工作面前方 100 m 左右；泥质页岩顶板支撑压力的影响范围不到 30 ~ 40 m（图 3 - 4）。若顶板裂隙发育，则支撑压力比较集中，影响范围也较小。

底板岩层坚硬，支撑压力影响范围大，但集中程度小。

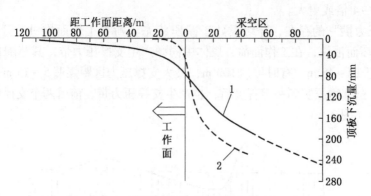

1—砂岩顶板；2—泥质页岩顶板

图3-4　支撑压力分布与围岩性质

　　煤质坚硬，支撑压力比较集中，影响范围较小；反之，煤质松软，变形和破坏程度越大，则支撑压力分布范围越大，集中程度越低。

　　3. 支撑压力显现

　　在实际生产过程中，回采工作面常有下述一系列矿山压力现象，这些现象可以作为衡量矿山压力显现程度的指标。

　　（1）顶板下沉。一般指煤壁到采空区边缘裸露的顶底板相对移近量。随着工作面推进，顶底板处于不断移近的状态。在支撑压力的作用下，工作面前方尚未悬露的顶板已经开始下沉。一些实际资料表明，顶板下沉量可达 15 ~ 60 mm，甚至 100 mm。当顶板比较坚硬，煤层较厚或较软时，顶板下沉量较大。图 3 - 5 中分别表示了顶板绝对下沉、底板鼓起及顶底板相对移近量曲线。

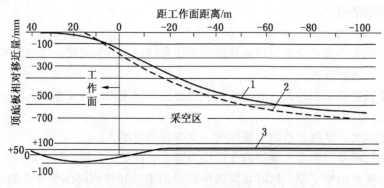

1—顶板绝对下沉曲线；2—顶底板相对移近量曲线；3—底板鼓起曲线

图3-5　工作面顶底板移近曲线

　　（2）顶板下沉速度。它表示顶板活动的剧烈程度，是指单位时间内的顶底板移近量，以 mm/h 计算。

　　（3）支柱变形与折损。随着顶板下沉，回采工作面支柱受载也逐渐增加，一般可以用肉眼观察到木柱帽的变形，剧烈时可以观察到支柱的折损。

（4）顶板破碎情况。通常以单位面积中垮落面积所占的百分数来表示顶板破碎情况。

（5）局部冒顶。指回采工作面顶板形成局部塌落，影响回采工作面的正常进行。

（6）工作面顶板沿煤壁切落（或称大面积冒顶）。这是指回采工作面顶板形成局部塌落，影响回采工作面的正常进行。

此外还有煤壁片帮、支柱插入底板、底板鼓起等一系列矿山压力现象。

由于顶板预先下沉可能产生裂隙，因而增加了工作面和工作面前方区段平巷的压力。为了防止区段平巷的支架压坏，事先必须采取措施，如增设抬棚、斜撑支架等。

工作面的煤壁在支撑压力的作用下产生变形破坏，导致煤壁破碎片帮成斜面；破碎范围与煤质硬度和支撑压力大小有关，一般为 $1\sim3$ m；工作面前方煤壁内支撑压力的峰值向煤壁内转移，增压区（支撑压力区）斜向煤壁里面（图3-3）；减压区扩大；稳压区向煤壁里面转移。

煤层被压碎，虽增加了片帮的机会，对安全不利，但可减轻落煤工作，浅截深采煤机就是采落压碎范围内的煤，因而破落煤时阻力小。

当顶底板均为厚而坚硬的岩层，煤质很坚硬，开采深度又较大，形成很大的支撑压力时，就可能产生冲击地压。冲击地压是煤和岩层在矿压作用下急剧地破碎和被抛出的现象，是矿山压力显现中最猛烈的形式。在采煤工作面，常常听到煤层内的轰鸣声，有时可能发生煤被压出或顶板下沉及断裂现象，这些都是轻微冲击地压的显现。大规模的冲击地压发生时，可能抛出大量碎煤、冲倒支架、压垮煤柱、顶板大量垮落，造成暴风袭击或巨大震动，有时还会波及地面，甚至影响范围达几千米。

冲击地压在煤矿中经常会遇到，尤其是随开采深度的增加更会频繁出现。为了避免冲击地压发生而造成重大事故，必须降低支撑压力的集中程度。例如，采用充填法处理采空区，采空区内不留煤柱，避免两个工作面相向回采，以防止形成支撑压力的重叠。

支撑压力集中程度高，不仅可能产生煤层突出，还可能伴随大量瓦斯突出，造成煤与瓦斯突出事故。

综上所述，生产中必须重视支撑压力的作用和影响，在开采自然条件不能改变的情况下，从开采技术上应尽量设法减轻支撑压力集中程度。除上述措施外，还可采取加快工作面推进速度，减少顶板悬露时间；缩小控顶距，减小支撑压力的方法。

二、直接顶的压力

由于直接顶的岩性不同，以及开采技术条件的关系，直接顶对工作面支架的压力特性基本有3种情况。

1. 悬梁式直接顶的压力

由于直接顶是塑性或较坚硬的岩层，回采时工作面前方的支撑压力尚未破坏直接顶的连续性，因此直接顶才呈悬梁状态（图3-6）。这时悬梁直接顶的自由端（悬露端）受支架支撑；悬梁的固定端（图3-6中 ab 线）由于岩层本身黏结力的关系，能被煤壁支撑；由于基本顶压力，迫使直接顶弯曲下沉。

悬臂的岩梁在自重力和上覆岩层的作用下，逐渐产生离层、下沉、弯曲、断裂，直至随支架前移而自行垮落。这些现象随着顶板暴露面积和暴露时间的增加，表现得更为明

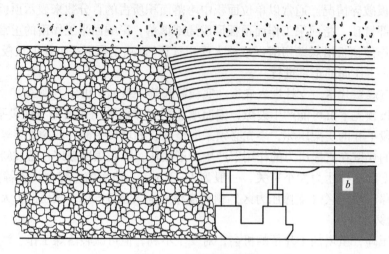

图3-6　悬梁式直接顶

显。

　　在这种情况下，支架的作用就是限制直接顶产生过多的下沉，以免沿 ab 线切断，保证工作面安全。支架所受的力主要是直接顶的重量。基本顶下沉也会对支架施加一定的压力。

　　2. 破碎直接顶的压力

　　由于直接顶是脆性和较松软的岩层，回采时在工作面前方支撑压力的作用下，直接顶产生裂隙、断裂，失去了连续性，形成破碎顶板（图3-7）。这时工作面上部悬露的直接顶的重量全由支架承担。

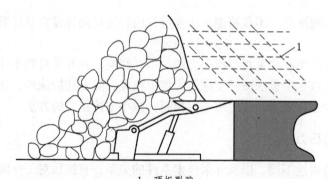

1—顶板裂隙

图3-7　破碎直接顶

　　3. 台阶下沉式直接顶的压力

　　当直接顶既不很松软，也不很坚硬，介于上述二者之间。回采时工作面直接顶出现台阶式下沉（图3-8），有时靠近煤壁的直接顶也可能出现较短的悬梁。这种形式的顶板好像砌体墙结构，各台阶侧面上彼此之间存在摩擦力，阻止台阶下沉。所以工作面支架只是支撑下沉台阶的部分重量，通常采用单体支柱。

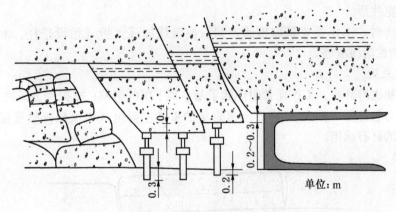

图 3-8　台阶下沉式直接顶

　　由于直接顶的岩性、结构、地质构造不同，以及开采方法和基本顶的活动情况不同，直接顶的压力显现也是千差万别的。在生产实践中，应根据直接顶压力的基本特征，结合煤层的具体情况进行观测分析，才能比较正确地反映出直接顶的压力。

三、基本顶的压力

1. 工作面初次来压

　　当工作面从开切眼向前推进时，顶板悬露面积随之扩大，直接顶垮落充填采空区，基本顶仍完整地支撑在两帮煤壁上，形成双支板梁构件。当板梁跨度随着工作面推进增大到一定范围，如图 3-9 所示的 L_1 时，由于基本顶的自重和上覆岩层的作用，使基本顶断裂垮落。这时，工作面已不再处于基本顶悬臂梁掩护之下，顶板迅速下沉而破碎，通常把采空区基本顶第一次大面积垮落称为初次垮落。由于基本顶初次垮落，使工作面压力增大，故称为初次来压。初次来压对工作面的影响一般持续 $2 \sim 3$ d。基本顶初次垮落时，工作面距切割煤壁的距离 L_1 称为初次垮落步距或初次来压步距。L_1 值与基本顶岩性、厚度以及地质构造等因素有关，一般为 $20 \sim 35$ m，少数达 $50 \sim 70$ m。

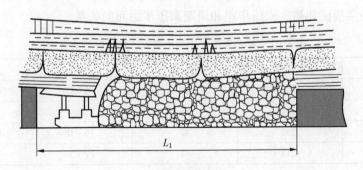

L_1—初次垮落步距

图 3-9　基本顶初次垮落（来压）示意图

　　初次来压的特点是：工作面顶板下沉量和下沉速度急增，甚至出现台阶式下沉；顶板破碎，甚至出现与煤壁平行的裂隙，有时发出巨大的断裂声；支架受力增加，采空区掉块；煤壁严重片帮。

初次来压时，工作面要采取措施，如沿放顶线加强支护（增设排柱、木垛、斜撑、抬棚）、强制放落顶板等。

2. 周期来压

基本顶初次垮落后，工作面暂时免除了基本顶下沉的影响，支架受力减轻，基本顶由双支板梁变为悬臂梁（图3-10）。上覆岩层的重量主要由基本顶悬臂梁直接传给煤壁，部分由垮落的矸石承担。

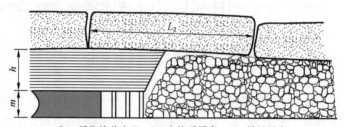

L_2—周期垮落步距；h—直接顶厚度；m—煤层厚度

图3-10　基本顶周期垮落（来压）示意图

当工作面推进到一定的距离，基本顶悬臂梁长达图3-10所示的 L_2 时，在自重和上覆岩层作用下又会产生断裂垮落，这时同样会带来增压现象。当工作面继续推进时，这部分垮落的基本顶被甩入采空区，工作面又处于基本顶悬臂梁掩护之下，恢复到前述的状态。随着工作面推进，基本顶的垮落与工作面增压现象重复出现。这种垮落与来压随工作面推进而周期性地出现，称为基本顶周期垮落和周期来压。两次周期来压之间的距离称为周期垮落（来压）步距。周期垮落步距同样与基本顶岩性有关，一般为6～30 m，多数为10～15 m。

由于周期来压前基本顶呈悬臂梁状态，而初次来压前基本顶呈双支板梁状态，因此在同一工作面内，周期来压步距 L_2 小于初次来压步距 L_1，它们的关系大致为

$$L_2 = (1/2 - 1/4)L_1$$

表3-1为某些矿井初次来压步距和周期来压步距间的关系。

表3-1　初次来压步距和周期来压步距间的关系

矿　名	工作面编号	L_1/m	L_2/m	L_2/L_1
开滦林西	8281	24	6～8	1/4～1/3
开滦唐山	2251	35	10	1/3.5
西山白家庄	3232	32	10～12	1/3.2～1/2.7
阳泉四矿	4212	41	17～20	1/2.4～1/2

周期来压特点与初次来压特点类似。

四、顶板下沉

在工作面推进过程中，采空区不断扩大，上覆岩层移动下沉而破坏。根据破坏的特

征，上覆岩层沿竖直方向自下而上可分为垮落带、裂隙带和弯曲下沉带（图3-11）。在这3个带中，垮落带和裂隙带直接关系到工作面的顶板控制，弯曲下沉带对工作面没有多大影响。

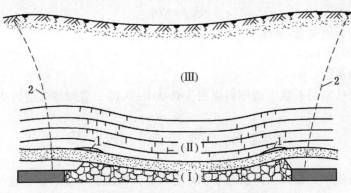

Ⅰ—垮落带；Ⅱ—裂隙带；Ⅲ—弯曲下沉带；
1—离层现象；2—岩层移动界限
图3-11　开采后上覆岩层移动情况

1. 垮落带

易垮落的直接顶，不规则垮落，碎胀的岩块将填满采空区，形成垮落带，支撑基本顶。当松软岩层很厚时，垮落的高度可视为直接顶的厚度。当直接顶厚度不大时，垮落的岩块填不满采空区，基本顶悬空，这种情况下基本顶也将发生部分垮落，使工作面压力增加。

根据采高（煤层厚度）m，可按下式估算直接顶的垮落厚度：

$$h = \frac{m}{k-1}$$

式中　h——直接顶的垮落厚度，m；

$\quad\quad m$——采高（煤层厚度），m；

$\quad\quad k$——顶板岩层碎胀系数（一般为1.3～1.5）。

2. 裂隙带

位于垮落带之上的基本顶岩层，总是一端支撑在煤壁上，另一端支撑在采空区的碎石充填物堆上。在上覆岩层的压力作用下，垮落的岩块逐渐被压实。因此，上覆岩层也随之逐步弯曲下沉，成段折断或产生许多裂隙，但不垮落，仍整齐排列，形成裂隙带。根据实测，其厚度一般为采高（煤层厚度）的7～17倍。

由于裂隙带内岩层的性质和厚度不一致，所以各层的弯曲下沉量不同，这样必然产生离层现象。如直接顶比较厚，没有全部垮落，而直接顶的强度一般又小于基本顶强度，因此在直接顶与基本顶之间也会产生离层。离层现象往往可能产生冲击地压，引起工作面切顶、支架折断，造成重大事故。

工作面支护的任务之一，就是有效控制矿山压力并尽可能使其上覆岩层不离层，尤其是直接顶不离层。为此，要求支架有足够的支撑力（工作阻力）和一定的可塑性。支撑力大，可减少上覆岩层下沉量，从而减少离层的可能性，但支撑力再大，也不可能避免上覆岩层的挠曲下沉。因此，要求支架有一定的可缩量，否则支架会被压断。为避免支架折断而产生离层，要求支架可缩量与顶板下沉量一致。

顶板下沉量与采高和控顶距有关，可用下式估算：

$$S_R = mR\eta$$

式中　S_R——顶板下沉量，m；

m——采高，m；

R——控顶距，m；

η——顶板岩层系数（缓倾斜煤层为 0.004 ~ 0.05，急倾斜煤层为 0.02）。

课题三　冲击地压

煤矿开采过程中，在高应力状态下积聚有大量弹性能的煤或岩体，在一定条件下突然发生破坏、垮落或抛出，使能量突然释放，呈现声响、震动及气浪等明显的动力效应，这些现象统称为煤矿动压现象。它具有突然爆发的特点，其效果有的如同大量炸药爆破，有的能形成强烈暴风，危害程度比一般矿山压力显现程度更为严重，在地下开采中易造成严重的自然灾害。但是，这种动压现象并不是每个矿井都会发生，它也是可以防治的。发生煤矿动压现象的原因各地不完全相同，它的表现形式也有差异。目前，根据动压现象的一般成因和机理，可把它归纳为 3 种形式，即冲击地压、顶板大面积来压和煤与瓦斯突出。前两者完全属于矿山压力的范畴，而后者除矿山压力作用外，还有承压瓦斯的动力作用。

简单讲，煤矿开采广度、深度的增加是冲击地压形成的主要原因，由于开拓开采而形成的"孤岛""半岛"是导致冲击地压内能瞬间释放的重要因素，应该引起我们的高度关注。

一、冲击地压现象形成特点及分类

1. 冲击地压现象

随着我国煤矿开采深度的增加，以及开采条件越来越复杂，我国的冲击地压现象越来越多，危害越来越大，对煤矿生产的影响也越来越大，必须及早引起重视。如鹤岗矿业集团南山煤矿某开拓队，在盆底区掘进巷道时，由于冲击地压频繁发生，造成月进尺只有 7 ~ 8 m，从而严重影响了采掘接续。

冲击地压是聚积在矿井巷道和采场周围煤岩体中的能量突然释放，产生的动力将煤岩抛向巷道，同时发出强烈声响，造成煤岩体震动和破坏，支架与设备损坏，人员伤亡，部分巷道垮落破坏等。冲击地压还会引发或可能引发其他矿井灾害，尤其是瓦斯、煤尘爆炸、火灾以及水灾，干扰通风系统，严重时造成地面震动和建筑物破坏等。因此，冲击地压是煤矿，特别是深部矿井重大灾害之一。

例如，1974 年 10 月 25 日北京矿务局城子矿在回采 −340 m 水平 2 号煤层大巷的护巷煤柱时发生严重冲击地压，里氏震级达 3.4 级。在冲击震动瞬间，煤尘飞扬，大量煤块从巷道一侧抛出，底板鼓起、支架折损、巷道堵塞，造成重大人员伤亡。

冲击地压作为煤岩动力灾害，其危害几乎遍布世界各采矿国家。英国、德国、南非、波兰、捷克、加拿大、日本、法国及中国等国家和地区都记录有冲击地压现象。我国煤矿冲击地压灾害极为严重，最早在1933年抚顺胜利矿发生冲击地压以来，在北京、辽源、通化、阜新、北票枣庄、大同、开滦天府、南桐、徐州、大屯、新汶、鹤岗等矿务局都相继发生过冲击地压现象。

2. 冲击地压的特点

通常情况下，冲击地压会直接将煤岩抛向巷道，引起岩体的强烈震动，产生强烈声响，造成岩体的破裂和裂缝扩展。因此，冲击地压具有如下明显的特征：

（1）突发性。冲击地压一般没有明显的宏观前兆而突然发生，冲击过程短暂，持续时间为几秒到几十秒，难以事先准确确定发生的时间、地点和强度。

（2）瞬时震动性。冲击地压发生过程急剧而短暂，像爆炸一样伴有巨大的声响和强烈的震动，电机车等重型设备被移动，人员被弹起摔倒，震动波及范围可达几千米甚至几十千米，地面有地震感觉，但一般震动持续时间不超过几十秒。

（3）巨大破坏性。冲击地压发生时，顶板可能有瞬间明显下沉，但一般并不垮落；有时底板突然开裂鼓起甚至接顶；常常有大量煤块甚至上百立方米的煤体突然破碎并从煤壁抛出，堵塞巷道，破坏支架；从后果来看，冲击地压常常造成惨重的人员伤亡和巨大的生产损失。

（4）复杂性。在自然地质条件上，除褐煤以外的各种煤种都曾记录到冲击现象，顶板包括砂岩、灰岩、油母页岩等都发生过冲击地压。在生产技术条件上，不论炮采、机采或综采，全部垮落法或水力充填法等各种采煤工艺，不论是长壁、短壁、房柱式或煤柱支撑式，还是分层开采、倒台阶开采等各种采煤方法都出现过冲击地压。

3. 冲击地压分类

根据国内外的分类方法，冲击地压可分为由采矿活动引起的采矿型冲击地压和由构造活动引起的构造型冲击地压。采矿型冲击地压又可分为压力型、冲击型和冲击压力型。压力型冲击地压是由于巷道周围煤体中的压力增加至极限值，其聚集的能量突然释放。冲击型冲击地压是由于煤层顶底板厚岩层突然破断或位移引发的。冲击压力型冲击地压则介于上述两者之间，当煤层受较大压力时，在来自围岩内不大的冲击脉冲作用下发生。

4. 冲击地压和矿山震动对环境的影响

在采矿巷道工作面中发生震动和冲击地压，将会对井下巷道、井下工作人员和地表建筑物造成影响。

1）对井下巷道的影响

冲击地压对井下巷道的影响主要是冲击地压发生时的动力将煤岩抛向巷道，破坏巷道周围煤岩的结构及支护系统，使其失去功能。巷道壁局部破坏、剥落或巷道支架部分损坏。而一些小的冲击地压或者说岩体卸压，则对巷道的破坏不大。当矿山震动较小，或震中距巷道较远时，将不会对巷道产生任何损坏。

2）对井下矿工的影响

在发生冲击地压区域如有工人工作，则可能对其产生伤害，甚至造成死亡事故。

3）对地表建筑物的影响

矿山震动和冲击地压不仅对井下巷道造成破坏，伤害工作人员，而且对地表及地表建筑物造成损坏，甚至造成像地震那样的灾难性后果。如波兰曾于1982年6月4日在Bytom市地下发生3.7级的矿山震动，造成580多幢建筑物损坏。

二、冲击地压发生的影响因素

1. 地质条件对冲击地压的影响

1）开采深度

随着开采深度的增加，煤层中的自重应力随之增加，煤岩体中聚积的弹性能也随之增加。

统计分析表明，开采深度越大，冲击地压发生的可能性也越大。

2）煤岩力学特征

生产实践与实验研究均表明：

（1）在一定的围岩与压力条件下，任何煤层中的巷道或采场均有可能发生冲击地压。

（2）煤的强度越高，引发冲击地压所要求的应力越小；反之，若煤的强度越小，要引发冲击地压就需要比硬煤高得多的应力。

3）顶板岩层的结构特点

研究表明，顶板岩层结构，特别是煤层上方坚硬厚层砂岩顶板是影响冲击地压发生的主要因素之一。其主要原因是坚硬厚层砂岩顶板容易聚积大量弹性能。

4）地质动力因素

地层的动力运动形成了各种各样的地质构造，这样的构造如断层、褶皱等对煤矿冲击地压的发生有较大影响。

实践证明，冲击地压常发生在向斜轴部（特别是构造变化区）、断层附近、煤层倾角变化带、煤层褶皱、构造应力带。

2. 开采技术对冲击地压的影响

冲击地压多发生在巷道（72.6%），采场则很少（27.4%）。而在有些情况下，冲击地压同时在巷道和采场发生。

残采区和终采线对冲击地压的发生影响较大。

冲击地压常发生在采煤工作面向采空区推进时，在距采空区 15～40 m 的应力集中区内掘进巷道，两个采煤工作面相向推进时及两个近距离煤层中的两个采煤工作面同时开采时。

上覆煤层工作面的终采线和煤柱形成的应力集中对下部煤层造成了很大威胁，使冲击地压的危险性有很大的增加。

当工作面接近已有的采空区，其距离为 20～30 m 时，冲击地压危险性随之增加。如果工作面旁边有上区段的采空区，该采空区也使冲击地压的危险性增加，危险性最大的位置在距煤柱 10 m 左右。当采煤工作面接近老巷约 15 m 时，冲击地压的危险性最大。

三、冲击地压的防治

1. 冲击地压防范措施

1）合理的开拓布置和开采方式

实践表明，合理的开拓布置和开采方式对于避免应力集中和叠加，防止冲击地压关系极大。大量实践证明，多数冲击地压是由于开采技术不合理造成的。不正确的开拓开采方式一经形成就难以改变，临到煤层开采时，只能采取局部措施，而且耗费很大，效果有限。所以，合理的开拓布置和开采方式是防治冲击地压的根本性措施。主要原则是：

（1）开采煤层群时，开拓布置应有利于解放层的开采，即首先开采无冲击危险或冲击危险小的煤层作为解放层，且优先开采上解放层。

（2）划分采区时，应保证合理的开采顺序，最大限度地避免形成煤柱等应力集中区。

（3）采区或盘区的采煤工作面应朝一个方向推进，避免相向开采，以免应力叠加。

（4）在地质构造等特殊部位，应采取能避免或减缓应力集中和叠加的开采程序。

（5）有冲击危险的煤层的开拓或准备巷道、永久硐室、主要上（下）山、主要溜煤巷道和回风巷应布置在底板岩层或无冲击危险的煤层中，以利于维护和减小冲击危险。

（6）开采有冲击危险的煤层，应采用不留煤柱垮落法控制顶板的长壁开采法。

（7）顶板控制采用全部垮落法，工作面支架采用具有整体性和防护能力的可缩性支架。

2）开采解放层

一个煤层（或分层）先采，能使邻近煤层得到一定时间的卸载，这种卸载开采称为开采解放层。先采的解放层必须根据煤层赋存条件选择无冲击倾向或弱冲击倾向的煤层。实施时，必须保证开采的时间和空间有效性（解放层开采后，采空区垮落的矸石或充填料随着时间的延长逐渐被压实，同时采空区和围岩中的应力相应地逐渐增加，趋于原岩应力水平，所以解放层的作用是有时间性的，卸压作用和效果随升级的延长而减小。因此，开采解放层的间隔时间不能太久），不得在采空区内留煤柱，以使每一个先采煤层的卸载作用能依次地使后采煤层得到最大限度的"解放"。

2. 冲击地压的解危措施

1）卸压爆破

振动爆破是一种特殊的爆破，它与爆破落煤不同。振动爆破的主要任务是爆破炸药形成强烈的冲击波，使岩体振动。振动爆破要使振动范围最大，甚至是整个工作面长度；在装药量一定的情况下，振动效果最好。

2）煤层注水

大量研究表明，煤系地层岩层的单向抗压强度随着其含水量的增加而降低，煤的强度与冲击倾向指数也随着煤湿度的增加而降低。通过煤层注水，可降低或消除冲击地压的形成。

3）钻孔卸压

采用煤体钻孔可以释放煤体中聚集的弹性能，消除应力升高区。

复习思考题

一、填空题

1. 根据顶板岩层变形及垮落性质不同，顶板分为_____、_____和_____ 3 种类型。

2. Ⅳ类基本顶，平时顶板_____，采空区悬露面积达几千平方米甚至_____平方米不垮落，初次来压和周期来压时，顶板垮落常形成_____、巨响，初次来压步距大于_____ m，甚至可达 100 ~ 150 m。这种顶板多为极坚硬的_____或_____。

3. 当顶底板均为厚而坚硬的岩层，煤质很坚硬，开采深度又较大，形成很大的支撑压力时，就可能产生_____。

4. 冲击地压在煤矿中经常会遇到，尤其是随_____的增加更会频繁地出现。

5. 由于直接顶是脆性和较松软的岩层，回采时在工作面前方_____的作用下，直接顶产生_____、_____，失去了连续性，形成_____。

6. 基本顶初次垮落后，工作面暂时免除了基本顶下沉的影响，支架受力_____，基本顶由双支架板梁变为悬臂梁。上覆岩层的重量主要由基本顶悬臂梁直接传给_____，部分由_____承担。

7. 在工作面推进过程中，采空区不断扩大，上覆岩层移动下沉而破坏。根据破坏的特征，上覆岩层沿竖直方向自下而上可分为_____、_____、_____。

8. 冲击地压具有_____、_____、_____和_____的特点。

9. 冲击地压的解危措施有_____、_____和_____。

二、判断题

1. Ⅱ类基本顶为初次来压和周期来压很明显，来压的大小相当于8～12倍采高的顶板岩层重量。初次来压步距为25～50 m。   （   ）

2. 当回采工作面推进较长距离后，区段煤柱内的支撑压力可随顶板垮落而逐渐增大。
                                                                （   ）

3. 煤层被压碎，虽增加了片帮的机会，对安全不利，但可减轻落煤工作。   （   ）

4. 由于直接顶是塑性或较坚硬的岩层，回采时工作面前方的支撑压力尚未破坏直接顶的连续性，因此直接顶才呈台阶式下沉。   （   ）

5. 开采解放层时，在采空区内留设煤柱对防治冲击地压有明显的效果，因为煤柱可以起到支撑作用，防止顶板下沉。   （   ）

三、问答题

1. 什么是煤层的直接顶？其岩性特征如何？

2. 影响支撑压力大小、分布的因素有哪些？如何影响？

3. 直接顶对工作面支架的压力特性有哪3种情况？

4. 冲击地压会产生哪些危害？

5. 地质条件如何影响冲击地压？

项目四　走向长壁采煤法

【学习目标】
1. 能概述单一煤层采区巷道布置。
2. 能叙述倾斜分层的概念及特点。
3. 能叙述集中采区联合布置的概念及特点。

课题一　单一煤层采全高采区巷道布置

单一走向长壁采煤法主要用于缓倾斜、倾斜薄及中厚煤层或缓倾斜 3.5～5.0 m 厚煤层，其采煤系统比较简单。图 4-1 所示为单一煤层上山采区巷道布置。

一、单一走向长壁采煤法采区巷道布置及生产系统

1. 采区巷道布置

采区开采一层煤，为薄或中厚煤层，煤层埋藏平稳，地质构造简单，瓦斯涌出较小，采区沿倾斜划分为 3 个区段，一区段在回采，二区段在准备。

采区准备工作的顺序是：在采区运输石门 1 接近煤层处，开掘采区下部车场 3。由下部车场向上，沿煤层分别开掘轨道上山 4 和运输上山 5，两条上山相距 20 m，至采区上部边界后，以采区上部车场 6 与采区回风石门 2 连通，形成通风系统。此后，为了准备出第一区段的采煤工作面，在上山附近第一区段下部开掘中部车场 7，并用双巷掘进的方法掘进两翼的第二区段回风平巷 8 和第一区段运输平巷 9，其倾斜间距一般为 8～15 m。区段回风平巷 8 超前区段运输平巷 9 100～150 m 掘进，并沿走向每隔 80～100 m 掘联络眼 11 连通两巷，同时在采区上部边界从采区上部车场 6 向两翼开掘第一区段回风平巷 10。当 8 和 9 掘至采区边界后再掘出开切眼进行回采。

随着第一区段的回采，及时开掘第二区段的中部车场 7′、区段回风平巷 8′、区段运输平巷 9′和开切眼，准备出第二区段的采煤工作面，以保证工作面的正常生产接替。同理，在第二区段回采时，准备出第三区段的有关巷道。这种先采第一区段、再采第二区段，从上向下的顺序开采，称为区段下行式开采顺序。

2. 运输系统

运煤系统：工作面采出的煤经区段运输平巷、运输上山、采区煤仓上口，通过采区煤仓在采区运输石门装车外运。

最下一个区段工作面运出的煤，则由区段运输平巷至运输上山，在运输上山铺设一台短刮板输送机，向上至煤仓上口。

运料排矸系统：材料自下部车场经轨道上山、上部车场、区段回风平巷运至工作面或由采区回风石门经区段回风平巷运至工作面。

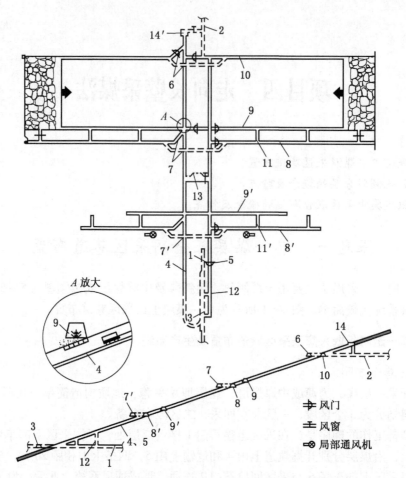

1—采区运输石门；2—采区回风石门；3—采区下部车场；4—轨道上山；5—运输上山；6—
采区上部车场；7、7′—中部车场；8、8′、10—区段回风平巷；9、9′—区段运输平巷；
11、11′—联络眼；12—采区煤仓；13—采区变电所；14、14′—绞车房

图4-1　单一煤层上山采区巷道布置

3. 通风系统

采煤工作面所需的新风从采区运输石门 1 进入，经采区下部车场 3、轨道上山 4、中部车场 7 分成两翼，经区段回风平巷 8、联络眼 11、区段运输平巷 9 到达工作面。从工作面出来的乏风经区段回风平巷 10 右翼直接进入采区回风石门，左翼侧需经采区上部车场 6 进入采区回风石门。

二、采区上（下）山的布置

在薄及中厚煤层一次采全高的采区沿煤层布置煤层上山，称为煤层上山。

煤层上山的特点：掘进容易，费用低，速度快，联络巷少，但易受两边采动影响，维护困难，护巷煤柱损失大，为了改善上山的维护条件，减轻两侧采动影响，应恰当安排工作面开采顺序。

为了使运煤、运料分开，在同一标高布置两条互相平行的轨道上山和运输上山，间距

为 20 ~ 25 m。一般轨道上山沿煤层顶板布置，运输上山沿煤层底板布置。当采区生产能力较大时，为了满足运输、通风、行人的要求，上山数目可布置 3 条或 3 条以上。

三、区段平巷布置

对于区段的回风巷、运输巷，这些巷道虽称为平巷，实际上并不是绝对水平的。区段平巷沿煤层掘进，因此容易掘进，但受工作面采动影响大，维护困难。特别是距工作面前、后方 50 ~ 120 m 的巷道，受采动影响最大。

如图 4 - 2 所示，当下区段没有回采时，上区段运输平巷 5、下区段回风平巷 6 和煤柱 7 只有受一侧支撑压力 1 2 3 的作用。当下区段回采时，下区段回风平巷 6 和煤柱 7 又受下侧采动产生的支撑压力 1′ 2′ 3′ 的作用。煤柱 7 受到两次支撑压力的作用，其支承压力曲线为 1 4 1′，因此煤柱容易破碎。下区段回风平巷 6 受两侧采动影响，比上区段运输平巷 5 维护困难。

区段平巷的布置通常有留护巷煤柱、沿空留巷、沿空掘巷。

1. 留护巷煤柱

采用保留煤柱的方法维护区段平巷应考虑煤层厚度和顶板岩石的性质，煤柱的尺寸沿倾斜方向的宽度一般为 8 ~ 15 m。

开采薄及中厚煤层，用保留煤柱方法维护巷道时，区段平巷布置比较简单，只需在上区段回采工作面的运输平巷与下区段回采工作面的回风平巷之间保留一定尺寸的煤柱，如图 4 - 3 所示。为了减少煤炭损失，下区段回采时应尽量回收这部分煤柱。

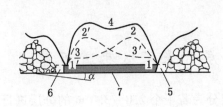
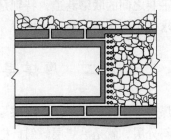

图 4 - 2　两侧采空煤柱上　　　　图 4 - 3　留护巷煤柱的
　　　支撑压力的变化　　　　　　　　区段平巷布置

2. 沿空留巷

沿空留巷一般适用于开采缓倾斜和倾斜、厚度在 2 m 以下的薄及中厚煤层。这种方法与留护巷煤柱相比，不仅可减少区段煤柱损失，而且可大量减少平巷掘进工程量。靠采空区一侧砌矸石带，如图 4 - 4 所示；靠采空区一侧，随着工作面推进及时打双排排柱或木垛，如图 4 - 5 所示。

沿空留巷时区段平巷的布置主要有三种：前进式沿空留巷、后退式沿空留巷和反复式沿空留巷。

3. 沿空掘巷

沿空掘巷即沿着已采工作面的采空区边缘掘进区段平巷。这种方法利用采空区边缘压力较小的特点，沿着上覆岩层已垮落稳定的采空区边缘进行掘进，有利于区段平巷在掘进和生产期间的维护。它多用于开采缓倾斜、倾斜及厚度较大的中厚煤层或厚煤层。

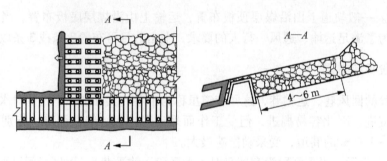

图4-4　砌矸石带维护巷道

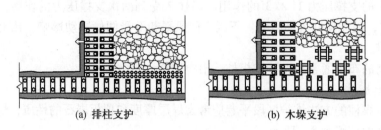

(a) 排柱支护　　　　　　　　　　(b) 木垛支护

图4-5　用排柱或木垛维护巷道

沿空掘巷虽然没有减少区段平巷的数目，但是不留或少留煤柱，可减少煤炭损失，减少区段平巷之间的联络巷道，特别是可减少巷道维修工程量甚至基本上不用维修，对巷道支护要求也不太严格、易于推广。

课题二　厚煤层倾斜分层开采采区巷道布置

厚煤层开采时，可平行于煤层层面将煤层分为若干个 2.0~3.0 m 的分层进行开采。所谓倾斜分层，就是沿煤层倾斜，把煤层分为若干个厚度相当于中厚煤层的分层，每个分层分别进行回采。用顶板垮落法先采顶分层，再依次回采以下各分层。

同一区段内上下分层工作面可以在保持一定错距的条件下同时进行回采，称为分层同采。也可以在区段内采完一个分层后，经过一定时间、待顶板垮落基本稳定后，再掘进下分层平巷，然后进行回采，称为分层分采。

图4-6 所示为倾斜分层走向长壁下行垮落采煤法分层同采巷道布置图。

一、采区巷道布置及生产系统

1. 采区巷道布置

当运输大巷和回风大巷的掘进工作面超过采区沿走向的中央位置一定距离后，即可开始采区的准备工作。首先，在采区走向的中部位置，由阶段运输大巷 1 开掘采区下部车场 3，由下部车场向上开掘岩石运输上山 4 和岩石轨道上山 5，一般距煤层底板 10~15 m。两者沿走向相距 20~25 m。两条上山掘至采区上部边界后，轨道上山以采区上部车场 6 与阶段回风大巷 2 相通，而运输上山则直接与阶段回风大巷 2 相连接，形成回路。然后，

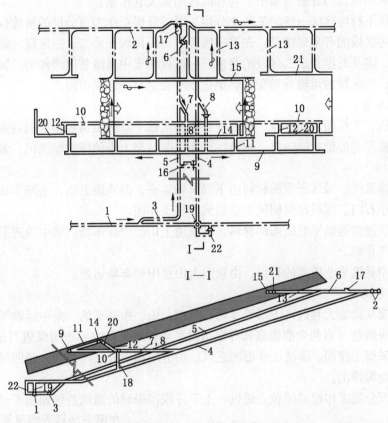

1—阶段运输大巷；2—阶段回风大巷；3—采区下部车场；4—运输上山；5—轨道上山；6—采区上部车场；7—甩车场；
8—区段回风石门；9—区段集中轨道平巷；10—区段集中运输平巷；11—联络眼；12—溜煤眼；13—回风小石门；
14—顶分层运输平巷；15—顶分层回风平巷；16—采区变电所；17—绞车房；18—中部溜煤眼；
19—采区煤仓；20—中分层运输平巷；21—中分层回风平巷；22—行人联络眼

图4-6　倾斜分层走向长壁下行垮落采煤法分层同采巷道布置图

在第一区段下部开掘中部车场的甩车场7、区段回风石门8，并由此向采区边界掘进区段集中轨道平巷9和区段集中运输平巷10。区段集中轨道平巷9沿下区段顶分层回风平巷位置开掘。在区段集中运输平巷10和区段集中轨道平巷9中分别每隔一定距离（按一台刮板输送机的长度）开掘岩石溜煤眼12和联络眼11，以备与分层运输平巷相通。当区段集中运输平巷10和区段集中轨道平巷9掘至采区边界附近时，由附近边界的一个溜煤眼和联络巷进入煤层上分层，并开始掘上分层第一区段的超前顶分层运输平巷14和开切眼。在第一区段上部，利用阶段回风大巷2兼作区段集中回风巷，每隔一定间距（通常为150～200 m）掘回风小石门13与分层回风平巷相连通。同样，从靠近采区边界的回风小石门掘上分层的回风大巷掘进顶分层回风平巷15与开切眼相连通。

综采时，为了减少设备搬迁次数，先在采区一翼准备好工作面，采用后退式进行回采，跨越上山后，再用前进式推进采区另一边界。同时开掘采区变电所、绞车房、中部溜煤眼和采区煤仓。

随着顶分层的推进，继续掘进上、下超前平巷，超前距离一般应保持工作面前至少有两个溜煤眼和回风石门分别与集中平巷和阶段回风大巷相通。

倾斜分层下行垮落法一般同采两个分层,第三分层可作为顶分层的接续面。

采区内各区段的开采顺序是:先采一区段,而后依次开采二、三区段。因此,在一区段采完之前,应及时准备出二区段的巷道。一区段的集中运输巷道将作为二区段的集中回风巷道使用,二区段的运输巷道布置和掘进顺序完全与一区段相同。

2. 运输系统

运煤系统:工作面采出的煤,分别在各超前运输平巷内用刮板输送机运到溜煤眼,经区段集中运输平巷的带式输送机,再经区段溜煤眼转至上山的带式输送机,最后到采区煤仓装车外运。

材料运输系统:采区所需的材料由下部车场运来,经轨道上山、上部车场、阶段回风大巷、回风小石门、区段超前回风平巷送到分层工作面。

区段分层超前运输平巷所需的材料,由轨道上山经中部车场、集中轨道平巷、联络斜巷运至掘进工作面。

区段集中运输平巷所需的材料,由轨道上山经中部车场运进。

3. 通风系统

新鲜风流从运输大巷进入下部甩车场、轨道上山、中部车场、集中运输平巷和集中轨道平巷、联络斜巷(有两个溜煤眼和分层运输平巷相通,其中一个溜煤眼可进风)、分层运输平巷、采煤工作面。清洗工作面的乏风,由分层和中分层回风巷,经回风小石门进入回风大巷从地面排出。

下区段顶分层工作面必须独立通风。上下区段同采时的通风系统如图4-7所示。

在甩车场靠近回风平巷处设置风门,在区段回风石门处撤掉风门,在联络眼处砌密闭,在区段回风石门与区段平巷交汇处应设风桥或在施工时将区段回风石门略微抬高,靠近区段平巷顶部而过,溜煤眼同时用来运煤及进风时,应将其分隔(用木板隔开),使通风与溜煤互不干扰,同时风速不得超过规定值。

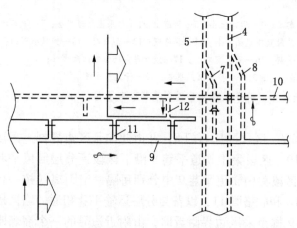

4—运输上山;5—轨道上山;7—甩车场;8—区段回风石门;
9—区段集中轨道平巷;10—区段集中运输平巷;
11—联络眼;12—溜煤眼

图4-7 上下区段同采时的通风系统(图4-6对应部分)

板的岩层中,距煤层底板的法线距离为10~20 m。这样布置上山,可减少上山数目和掘进费用,节省上山提升费用和设备的安装拆除工作,大大降低上山维护费用,减少上山煤柱损失。

二、采区上(下)山的布置

采区上山和采区下山的布置原则大体相同,开采厚煤层时,多采用集中上山为各分层服务,而不在各分层内布置上山。集中上山多位于煤层底

集中上山一般布置两条,一条是轨道上山,另一条是运输上山,它们的间距一般为

20 ~ 25 m。为便于施工、运输，减少区段石门长度，一般集中运输上山的位置低于集中轨道上山。

为了减少上山煤柱的损失，根据采空区形成减压带的原理，采取跨越上山回采。即当采区上山位于底板岩层中或下部煤层中，上部煤层的回采工作面可以跨过上山连续回采，使上山处于采空区下方。为了使上山在跨越回采过程中维护良好，应注意下列几点：

（1）上山应位于比较稳固的岩层中，距上部煤层之间的法线距离一般应大于 10 m。

（2）跨采的工作面应在另一翼的工作面距离上山较远时跨越过去，以免上山受两侧采动影响。

（3）跨采后的终采线与上山间的水平距离一般应大于 20 m。在跨采地区应设法不留区段煤柱，否则在区段煤柱的地方增加了上山维护的困难。

三、分层区段平巷的布置

开采厚煤层时，各分层平巷的相互位置对于巷道的使用和维护影响较大。分层平巷主要有 3 种基本形式：水平布置、倾斜布置、垂直布置。

1. 倾斜布置

这种布置方式中各分层平巷按 25°~ 35°呈斜坡式布置，一般适用于倾角小于 15°~ 20°的煤层。倾斜布置又有内错式与外错式之分。内错式布置就是将下分层平巷置于上分层平巷内侧，即处于上分层采空区下方，形成正梯形的区段煤柱，如图 4-8a 所示。

倾斜布置方式的主要优点是：①中、下各分层运输平巷、回风平巷都在上分层的假顶下掘进，掘进方向容易掌握；②中、下各分层运输平巷和回风平巷都在采空区下方的减压区内，巷道容易维护；③区段煤柱较大，能隔离上、下区段。缺点是：①区段梯形煤柱大，煤炭损失多；②中、下分层工作面长度减小，产量不均衡；③各分层回风平巷水平标高不同，器材转运较困难；④清洗工作面乏风下行，对通风不利；⑤各分层运输平巷和回风平巷用斜眼联系，掘进、运输和行人不方便。

也可采用另一种倾斜布置方式，即外错式布置，就是将下分层平巷置于上分层平巷的外侧，处于上分层煤柱的下面，形成倒梯形的区段煤柱，如图 4-8b 所示。

2. 水平布置

各分层平巷布置在同一水平标高上，区段煤柱呈平行四边形，如图 4-8c 所示。

水平布置方式的优点是：①分层运输平巷在采空区下方，处于减压区内，巷道容易维护；②各分层以水平巷道联系、掘进、运输、行人都比较方便；③区段煤柱小，一般垂直厚度为 5 m，减少了煤柱损失；④回风平巷为水平位置，避免了乏风下行。缺点是：①各分层之间采用水平巷道联系，掘进工程量大，尤其是在煤层倾角较小的情况下，工程量更大；②区段煤柱容易破碎，可能引起自然发火；③分层回风平巷处于支撑压力区内，维护困难。

这种布置方式一般适用于倾角小于 20°~ 25°的煤层，否则区段煤柱太大。

3. 垂直布置

各分层平巷沿铅垂方向呈重叠式布置，区段煤柱呈近似矩形，如图 4-8d 所示。这种布置方式适用于倾角不大（小于 10°）的缓倾斜煤层或近水平厚煤层。可减小区段煤柱尺寸，分层平巷受支撑压力影响较小，巷道容易维护。下分层平巷沿上分层平巷铺设的假顶掘进，容易掌握方向。

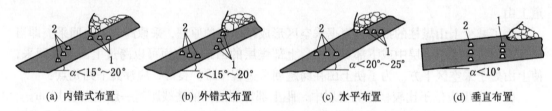

(a) 内错式布置　　(b) 外错式布置　　(c) 水平布置　　(d) 垂直布置

1—上区段工作面的运输平巷；2—下区段工作面的回风平巷

图 4-8　分层平巷布置

四、区段集中平巷布置

根据煤层赋存条件和生产需要，区段集中平巷布置一般有 4 种方式：一煤一岩布置、"机轨合一"布置、机轨双岩巷布置、机轨双煤巷布置。

1. 一煤一岩布置

区段集中运输平巷 10 布置在煤层底板岩层中，区段集中轨道平巷 9 布置在煤层中，如图 4-6 所示。这种方式掘进速度比较快，可以缩短区段准备时间，还可以探明煤层的变化情况。集中轨道平巷布置在煤层中，容易受采动影响，维护困难。

设置区段集中平巷的目的是为了减少煤层或分层区段平巷道的维护时间，降低维护费用，集中运输系统，减少设备台数。

区段集中平巷与超前平巷间的联系方式主要根据煤层倾角和区段平巷的布置形式确定，有石门、斜巷和立眼 3 种。

为了便于煤炭运输，不论集中运输平巷与区段平巷之间的联系方式如何，采区运输上山与集中运输平巷之间都采用溜煤眼联系。当溜煤眼较长时则可设为区段煤仓，以便充分发挥运输设备能力，保证生产连续进行。

集中轨道平巷布置在煤层中，主要缺点是集中轨道平巷维护时间长，巷道维护困难。

2. "机轨合一"布置

"机轨合一"的布置方式即区段集中轨道平巷和集中运输平巷合并为一条巷道，称为"机轨合一"集中平巷，如图 4-9 所示。

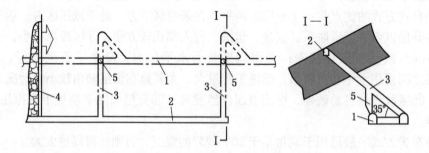

1—机轨合一区段岩石集中运输平巷；2—分层超前运输平巷；3—机（溜槽）轨合一
联络斜巷；4—采煤工作面；5—溜煤眼

图 4-9　"机轨合一"集中平巷

"机轨合一"集中平巷一般布置在煤层的底板岩层中，用斜巷联系分层运输平巷，石门联系集中回风平巷，分层运输平巷采用倾斜布置，分层回风平巷采用水平布置。

"机轨合一"的布置方式省去了一条区段集中平巷和部分联络石门，掘进和维护工程量较少。设备集中布置在一条巷道内，可以充分利用巷道断面，带式输送机的安装和拆卸可以利用同一巷道中的轨道运送，比较方便。

"机轨合一"布置方式的缺点是巷道的跨度和断面较大，掘进施工比较困难，进度较慢；管理复杂；需合理解决输送机与轨道的平面交叉问题。

"机轨合一"布置方式适用于煤质松软，底板岩层较稳定，涌水量不大，采掘机械化水平较高的情况。

3. 机轨双岩巷布置

集中运输平巷和集中轨道平巷都布置在煤层底板岩层中，根据煤层底板岩石性质，将两条岩石集中巷选在不受采动影响、集中应力小的位置，以便于维护。

机轨双岩巷布置的优点是：巷道压力小，维护费用小，能提高采区生产能力。缺点是：巷道掘进工程量大，掘进费用高，采区准备时间长。

4. 机轨双煤巷布置

这种布置方式是将集中运输平巷和集中轨道平巷都布置在煤层中。

机轨双煤巷布置的优点是：巷道掘进容易，速度快，费用低，岩石工程量小，可以缩小采区准备时间。缺点是：煤层内布置集中平巷，受采动影响大，集中平巷的服务期较长，维护工程量大，严重时会影响生产。

课题三　煤层群开采采区巷道布置

近距离煤层群开采时，若分层布置采区巷道，即每层都布置上山和区段平巷，各自有独立的生产系统，这样在技术经济上不够合理。若把较近的几个煤层联合一起，布置部分共用的集中上山、集中平巷、区段石门进行开采，这种布置方式称为采区联合布置。根据煤层数目和层间距离，可分为集中联合布置和分组集中联合布置。对于煤层群联合布置的采区，要考虑布置在煤层群的上部、中部、下部的问题。

一、集中联合布置及生产系统

1. 采区巷道布置

图 4-10 所示为煤层群采区巷道联合布置。

井巷掘进顺序：从阶段集中运输平巷 1 在采区中部开掘采区石门 3，从采区石门 3 沿煤层底板开掘岩石运输上山 4 和轨道上山 5，直到阶段集中回风平巷 2，从阶段集中回风巷开掘采区回风石门 16 到煤层 m_1、开掘回风石门 15 到煤层 m_2 顶分层，再掘进 m_1 煤层回风平巷 13、m_2 煤层顶分层回风平巷 11。

开掘回风水平巷 13 时，在区段下部从轨道上山 5 开掘区段运输石门 6，通达煤层 m_2。然后开掘区段集中运输平巷 8 和 m_2 煤层下区段顶分层的回风平巷 14。从区段集中运输平巷约 100 m 向上开掘溜煤眼 9 到 m_2 煤层顶分层，开掘 m_1 煤层工作面的运输平巷 12 和 m_2 煤层顶分层运输平巷 10，约 100 m 用联络石门（17，19）连通。为了行人、运输方便，

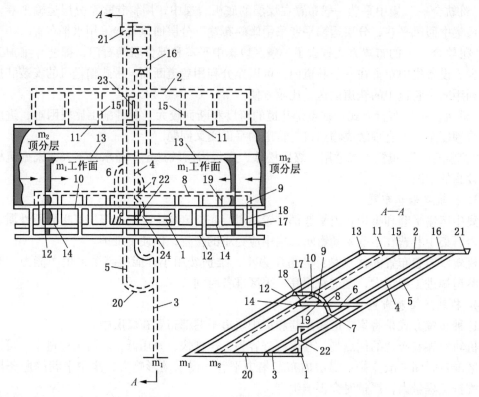

1—阶段集中运输平巷；2—阶段集中回风平巷；3—采区石门；4—运输上山；5—轨道上山；6—区段运输石门；7—区段溜煤眼；8—区段集中运输平巷；9—溜煤眼；10—m_2 煤层顶分层运输平巷；11—m_2 煤层顶分层回风平巷；12—m_1 煤层运输平巷；13—m_1 煤层回风平巷；14—m_2 煤层下区段回风平巷；15—回风石门；16—采区回风石门；17、19—联络石门；18—联络巷；20—轨道上山下部绕道；21—绞车房；22—采区煤仓；23—变电所；24—矸石仓

图 4-10　煤层群采区巷道联合布置

顶分层运输平巷和下区段回风平巷用联络巷连通，等 m_1 煤层工作面运输平巷和 m_2 煤层顶分层运输平巷掘到采区边界后，再掘开切眼进行回采。

2. 运输系统

m_1 煤层工作面采出的煤炭经运输平巷、联络石门、m_2 煤层顶分层运输平巷、溜煤眼，运到区段集中运输平巷。m_2 煤层顶分层采出的煤炭经运输平巷、溜煤眼，运到区段集中运输平巷。两工作面采出的煤炭，都由区段集中运输平巷集中运输，经区段溜煤眼转运到运输机上山，再运到采区煤仓，在阶段集中运输平巷装车运出。

m_2 煤层工作面所需的材料从阶段集中运输平巷进入，经轨道上山、阶段回风平巷、回风石门、m_2 煤层顶分层回风平巷到达采煤工作面。m_1 煤层工作面所需的材料，从回风平巷运到采煤工作面。

3. 通风系统

新鲜风流从采区石门进入采区，经轨道上山、区段运输石门、区段集中平巷、溜煤眼，分别进入 m_2 和 m_1 煤层区段运输平巷，到各分层采煤工作面。清洗采煤工作面的乏风经各分层回风平巷、回风石门、采区回风石门，汇集到阶段集中回风平巷排出。为避免漏风，可在轨道上山和运输上山与采区回风石门的连接处分别安设风门。绞车房和变电所的新鲜风流由轨道上山供给。

二、采区上（下）山的布置

采区上山（在开采水平以下的部分，即为采区下山）是采区的主要通道，是采区重要的运输、通风巷道和安全出口，而且服务时间较长，整个采区采完后才能报废。必须合理确定上山数目和位置，才能保证采区正常生产和技术经济上的合理性。

1. 采区上山的位置

根据开采煤层的赋存情况采区上山可布置在煤层或岩层中。

1）煤层上山

采区上山沿煤层布置时，掘进容易、费用低、速度快，联络巷道工程量少，生产系统较简单。其主要问题是煤层上山受工作面采动影响较大，生产期间上山的维护比较困难，特别是在缺乏先进支护手段的情况下。改进支护方式，加大煤柱尺寸可以改善上山维护，但会增加一定的煤炭损失。在下列条件下可用煤层上山：

（1）煤层群联合准备的采区，下部有维护条件较好的薄及中厚煤层。

（2）为部分煤层服务的、维护期限不长的专用于通风或运煤的上山。

2）岩石上山

联合准备采区，在煤层上山维护条件困难的情况下，目前多将上山布置在煤层底板岩层中，其技术经济效果比较显著。巷道围岩较坚硬，同时上山离开了煤层一段距离，减小了受采动的影响。为此要求岩石上山不仅要布置在比较稳固的岩层中，还要与煤层底板保持一定距离，距煤层愈远，受采动影响愈小，且不宜太远，否则会增加过多的联络巷道工程量。从围岩性质看，采区岩石上山与煤层底板间的法线距离以 10～15 m 比较适宜。

3）上山的层位与坡度

联合布置的采区集中上山布置在下部煤层或其底板岩层中。主要考虑因素是适应煤层下行开采顺序，减少煤柱损失和便于维护。

采区上山的倾角，一般与煤层倾角一致。当煤层沿倾斜方向倾角有变化时，为便于使用，应使上山尽可能保持适当的固定坡度。另外，在岩石中开掘的岩石上山，有时为了适应带式输送机运煤不大于15°或自溜运输的需要，可采取穿层布置。

2. 采区上山数目及位置

采区上山至少有两条，一条是轨道上山，另一条是运输上山。随着生产的发展，常常需要增加上山数目，即增设的上山一般专作通风用，也可兼作行人和辅助提升（临时）用。增设的上山特别是服务期不长的上山，多沿煤层布置，以减少掘进费用，并起到探清煤层情况的作用。

从通风需要来看，对于低瓦斯矿井和产量不大的采区，两条上山即可满足需要；对于高瓦斯、有煤与瓦斯（二氧化碳）突出危险的矿井或产量很大的采区，往往采用一条上山进风不能满足需要，而需要两条上山进风，两条上山回风（行人道下部可作进风，上部可作回风），故采区共有 3 条上山。

采区上山之间在层面上需要保持一定的距离。当采用两条岩石上山布置时，其间距一般取 20～25 m；采用 3 条岩石上山布置时，其间距可缩小到 10～15 m。

三、联合布置特点及适用条件

煤层群采区巷道联合布置是提高矿井集中生产程度的重要措施之一，实践证明采区巷道联合布置具有下列优点：

（1）生产集中。在采区内可以布置较多的同时开采的工作面，提高了采区生产能力，有利于提高工效。

（2）改善运输条件，简化矿井运输系统。

（3）改善巷道维护条件，减少维护费用。

（4）减少护巷煤柱和采区边界煤柱损失，提高采区采出率。

联合布置采区的主要缺点是：岩石巷道工程量较大，准备时间较长，巷道之间联系和通风系统复杂。

四、联合布置采区方式的选择

联合布置采区方式受地质因素和技术经济因素的影响。

1. 地质因素

开采近距离煤层群时，厚度、煤层倾角、顶底板岩性、煤种、地质构造、煤质、瓦斯和含水量要全面考虑。煤层倾角、厚度、煤种、顶底板岩性、煤质、瓦斯含量等相似，地质构造简单的，可采用集中联合布置；瓦斯含量特大，煤种、煤质条件不同，有煤与瓦斯突出危险，地质构造复杂的煤层可采用分组集中联合布置或分层开采。

2. 技术经济因素

采用分组集中联合开拓时，采区可用分组集中联合布置，能充分使用运输大巷；采用集中开拓时，可根据条件选用集中联合布置或分组集中联合布置。

当采区生产能力较大时，多联合一些煤层，增加同时开采的工作面数，但要考虑采掘关系。联合布置的集中巷道多在岩层中，掘进速度慢。为避免采掘失调，减少岩石掘进工程量，可用分组集中联合布置。

确定联合布置经济上是否合理，主要取决煤层间距或区段石门的长度。通过比较来确定采用集中联合布置、分组集中联合布置还是分层布置。国内各大矿区的实践表明，当煤层间距小于 20～30 m 时，采用集中联合布置。当上、下煤层的总间距达 100 m 左右时，采用分组集中联合布置。

课题四　对拉工作面采区巷道布置

对拉工作面布置俗称双工作面布置。对拉工作面的实质是利用 3 条区段平巷准备出两个采煤工作面，如图 4-11 所示。

一、采区巷道布置

对拉工作面的采区巷道布置与单一煤层走向长壁采煤法的采区巷道布置基本相同，只是上、下采煤工作面之间减少了一条区段平巷，如图 4-11 所示。

沿煤层在采区中部从运输大巷掘进运输上山和轨道上山到采区上部边界，两上山的间

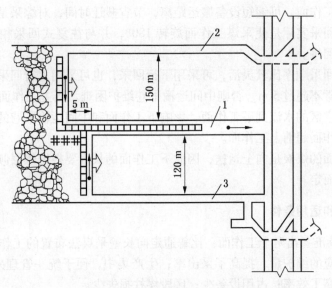

1—中间运输平巷；2—上轨道平巷；3—下轨道平巷

图 4-11 对拉工作面布置

距在 15~20 m 范围内。从上、中部车场掘进上下轨道平巷、中间运输平巷到采区边界，再掘开切眼进行回采。

二、运输系统

根据对拉工作面的特点，中间的区段平巷铺设输送机作为区段运输平巷。

运煤系统：上工作面采出的煤炭向下运到中间运输巷，下工作面采出的煤炭则向上运到中间运输巷，由此集中运送到采区上山外运。随着煤层倾角增大，下工作面的长度应比上工作面短一些。

轨道上山运来的材料，分别由上、下轨道平巷运到上、下采煤工作面。

三、通风系统

对拉工作面的通风方式主要有两种：一种是从中间的区段运输巷进风，分别清洗上下工作面之后，从上下区段平巷回风，或者从上下平巷进风、中间平巷回风。总有一个工作面是下行风。所以，只适用于煤层倾角不大的情况。另一种是从下部区段轨道巷及中间区段运输巷进风，而集中从上部轨道巷回风，称为串联掺新的通风方式。可根据煤层瓦斯含量和煤层倾角情况，按有关规定合理选择通风路线。

四、回采顺序

工作面回采顺序一般有后退式、前进式、往复式和旋转式等几种。回采顺序不同，区段平巷布置也不同。工作面向采区运煤上山方向推进的回采顺序称为后退式。工作面背向采区运煤上山方向推进的回采顺序称为前进式。往复式回采的实质是前两种回采方式的结合，兼有上述两种方式的优缺点。主要特点是在上区段回采结束时采煤工作面设备可直接搬迁到其下面的工作面，可缩短设备搬运距离，节省搬迁时间，对综采是一个很有利的因素。旋转往复式回采实际是使采煤工作面旋转180°，并与往复式回采相结合，实现工作面不搬迁而连续回采。

采区工作面回采顺序比较灵活，可采用下行回采，也可采用上行回采。上、下工作面之间有错距，通常不超过5 m，否则中间运输平巷维护困难。当上工作面有淋水时，为避免上工作面和采空区的水流到下工作面，影响下工作面和中间运输平巷的工作，应采用上行回采，即下工作面超前上工作面。

由于下工作面的煤炭是向上运送，因此下工作面的长度要根据煤层倾角的大小及工作面输送机的能力而定。

五、优缺点和适用条件

3 条区段平巷准备出两个工作面，比普通走向长壁采煤法布置的工作面减少了区段平巷的掘进量和相应的维护量，提高了采出率；生产集中，便于统一管理采煤工作面生产，避免了窝工，提高了效率；占用设备少；区段煤柱损失少。

主要缺点是：下工作面向上运煤困难；采煤工作面通风不够好，上工作面或是下行风流，或是"串联掺新"风流；中间运输平巷靠采空区的一段巷道维护困难。

对拉工作面适用于非综采、倾角小于15°、顶板中等稳定以上、瓦斯含量不大等条件下使用。

课题五 综采采区巷道布置特点

综采采区巷道布置与其他采区巷道布置基本相同。由于综采设备多、吨位重、推进速度快、体积大、产量高，因此综采采区巷道布置具有如下特点和要求。

一、区段平巷、轨道上山、采区车场断面较大

综采采区上下区段平巷断面的设计应满足最大设备尺寸的需要。综采采区上区段平巷断面的设计应满足液压支架尺寸。国内使用的液压支架尺寸（长×宽×高）为 3200 mm × 1240 mm ×910 mm ~ 3855 mm ×1100 mm ×1955 mm。因此综采采区上区段平巷的净断面为 $6.25 \sim 9$ m²。

综采采区下区段平巷铺设可伸缩带式输送机、转载机、轨道供安装供电设备、泵站和区段平巷支架的回收与运输使用。其巷道净断面一般为 10 m² 左右，净宽在 4 m 以上。如此大的断面使掘进和维护较困难，也可采用专供铺设转载机和输送机用的小断面（约 8 m²）巷道，每隔70 ~ 80 m 开掘安放电气设备、液压泵站等的硐室，这样做虽减小了巷道断面，但增加了设备安装迁移的困难。

综采采区轨道上山和采区车场的断面按照最大尺寸设计。

二、区段平巷取直

为了避免减少或增加工作面液压支架的数量和输送机长度，必须使工作面长度保持不变。这样，综采采区上下区段平巷应按中线掘进，尽量取直并保持平行。若煤层走向变化

或遇有断层褶曲时，综采采区上下区段平巷也要分段取直并保持平行。

三、加大采区走向长度

合理的采区走向长度，对于提高矿井及采区生产技术经济指标，保证采区高产稳产具有密切关系。加大采区走向长度，能充分发挥机械效能，减少辅助工时，提高劳动生产率。

国内一些综采工作面平均月进尺达 100 m 以上，采区一翼的走向长度最好在 1000 ~ 2000 m 以上，这样一年左右的时间搬迁一次，可减少工作面搬迁次数。

增加采区长度，也就是加长工作推进长度，可采取以下几项措施。

1. 跨越上（下）山连续回采

布置双翼采区工作面时，可将两翼回采改为跨越岩石上（下）山的一翼连续回采。这样工作面由后退式跨越上山后，转为前进式开采。

2. 不留采区煤柱回采

不留采区煤柱，把两个采区的两翼合并为一翼开采，如平顶山六矿将原采区改为综采采区时就采用这种布置方式，如图 4-12 所示。

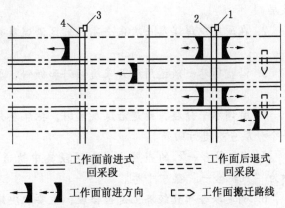

图 4-12　相邻采区不留煤柱回采

先用前进式回采一采区的右翼最上一个工作面，到采区边界后，迁到第二个工作面用后退式回采，跨过上山后又转为前进式回采。

有些矿井为了避免转换工作面而搬迁设备，采用转角采煤。也就是上工作面回采到边界后（前进式），逐步转 180°回采至下工作面位置，再进行下工作面后退式回采。此回采方式虽不用搬迁设备，增加了工作面出煤时间，但存在的主要问题是转角采煤时矿山压力较大。

工作面前进式 回采段
工作面后退式 回采段
工作面前进方向
工作面搬迁路线

1—采区轨道上山；2—采区输送机上山；3—二采区轨道上山；4—二采区输送机上山

3. 倾斜长壁工作面布置

当开采倾角较小的缓倾斜或近水平煤层时，采用工作面沿煤层走向布置，沿倾斜方向推进，即倾斜长壁工作面布置。这样可使工作面推进长度达 1000 m 左右，且巷道容易取直，使工作面长度保持不变，巷道布置较简单。

四、设置大容量采区煤仓

综采工作面采煤量不断地增加，当大巷道采用电机车运输时，为保证工作面生产能力的提高，必须设置大容量的采区煤仓。

复习思考题

一、填空题

1. 分层平巷主要有 3 种基本形式：_____、_____、垂直布置。

2. 根据煤层赋存条件和生产需要，区段集中平巷布置一般有 4 种方式：_____、_____、_____、机轨双煤巷布置。

3. 联合布置采区方式受_____和_____因素的影响。

4. _____的实质是利用 3 条区段平巷准备出两个采煤工作面。

5. 工作面回采顺序一般有_____、_____、往复式和旋转式等几种。

6. 国内一些_____工作面平均月进尺达 100 m 以上，采区一翼的走向长度最好在 1000 ~ 2000 m 以上，这样一年左右的时间搬迁一次，可减少工作面搬迁次数。

7. 工作面向采区运煤上山方向推进的回采顺序称为_____。

8. 工作面背向采区运煤上山方向推进的回采顺序称为_____。

二、判断题

1. 单一走向长壁采煤法主要用于缓倾斜、倾斜薄及中厚煤层或缓倾斜 3.5 ~ 5.0 m 厚煤层。　　　　　　　　　　　　　　　　　　　　　　　　（　　）

2. 在薄及中厚煤层一次采全高的采区沿煤层布置煤层上山，称为岩层上山。
　　　　　　　　　　　　　　　　　　　　　　　　　　　　　（　　）

3. 沿空留巷一般适用于开采缓倾斜和倾斜、厚度在 2 m 以下的薄及中厚煤层。
　　　　　　　　　　　　　　　　　　　　　　　　　　　　　（　　）

4. 所谓水平分层，就是沿煤层倾斜，把煤层分为若干个厚度相当于中厚煤层的分层，每个分层分别进行回采。　　　　　　　　　　　　　　　　　　（　　）

5. "机轨合一"的布置方式即区段集中轨道平巷和集中运输平巷合并为一条巷道，称为"机轨合一"集中平巷。　　　　　　　　　　　　　　　　　（　　）

6. 确定联合布置经济上是否合理，主要取决煤质的好坏或区段石门的长度。（　　）

7. 对拉工作面的采区巷道布置与单一煤层走向长壁采煤法的采区巷道布置基本相同，只是上、下采煤工作面之间减少了一条区段平巷。　　　　　　（　　）

8. 对拉工作面适用于综采、倾角小于 15°、顶板中等稳定以上、瓦斯含量不大等条件下使用。　　　　　　　　　　　　　　　　　　　　　　　　（　　）

9. 旋转往复式回采实际是使采煤工作面旋转 180°，并与往复式回采相结合，实现工作面不搬迁而连续回采。　　　　　　　　　　　　　　　　　（　　）

10. 炮采采区下区段平巷铺设可伸缩带式输送机、转载机、轨道供安装供电设备、泵站和区段平巷支架的回收与运输使用。　　　　　　　　　　　　（　　）

三、简答题

1. 说明单一走向长壁采煤法的采区巷道布置、掘进顺序和生产系统。

2. 如何确定煤层群的开采顺序？

3. 煤层群采用集中平巷联合准备时，区段集中平巷布置有几种方式？

4. 采区上山位置的选择应考虑哪些因素？

5. 分层平巷水平布置的特点有哪些？

6. "机轨合一"布置方式的优点和缺点有哪些？

7. 联合布置的特点及适用条件是什么？

8. 对拉工作面的优缺点及适用条件是什么？

项目五　倾斜长壁采煤法

【学习目标】
1. 掌握倾斜长壁采煤法回采工艺特点。
2. 熟悉倾斜长壁采煤法巷道布置。
3. 了解倾斜长壁采煤法评价及适用条件。

课题一　单一煤层一次采全高分带巷道布置

倾斜长壁采煤法就是回采工作面沿煤层走向布置，按煤层倾斜方向推进的采煤方法。该法主要适用于倾角小于17°的煤层，可以选择炮采、普采和综采工艺，与走向长壁采煤法的主要区别在于回采巷道布置的方向不同，相当于走向长壁采煤法中的区段转了90°，原区段变为倾斜分带，原区段平巷变为分带斜巷。倾斜长壁采煤法可分为单一薄及中厚煤层一次采全高倾斜长壁采煤法、厚煤层倾斜分层倾斜长壁下行垮落采煤法及煤层群倾斜长壁采煤法。按工作面推进方向的不同分为仰斜长壁开采和俯斜长壁开采两种。

一、单一倾斜长壁采煤法巷道布置

由相邻较近的若干分带组成，并具有独立生产系统的区域叫带区。

如图5-1所示，单一倾斜长壁采煤法巷道布置十分简单，一般是在开采水平，沿煤层走向方向在煤层中掘进水平运输大巷和回风大巷，两巷相距20~30 m，有时回风大巷也可布置在开采水平的上部边界。

上山部分掘进顺序：自运输大巷1开掘带区下部车场和进风行人斜巷7、带区煤仓6，然后在煤层中沿倾斜掘进分带进风运输斜巷4至上部边界。由于运输大巷1在煤层中开掘，为了达到需要的煤仓高度，分带进风运输斜巷4在接近煤仓处应向上抬起，进入煤层顶板。同时，自运输大巷1沿煤层倾斜向上掘进分带回风运料斜巷5，该巷与回风大巷2相交，掘进至上部边界后，即可沿煤层掘进开切眼，贯通分带进风运输斜巷4和分带回风运料斜巷5，在开切眼内安装回采设备，调试后即可进行回采。

对于下山部分，则可由水平大巷向下俯斜开掘分带斜巷，至下部边界后掘出开切眼，布置沿仰斜推进的长壁工作面。

二、单一倾斜长壁采煤法生产系统

由于带区巷道布置简单，各生产系统也相对简单，如图5-1所示。

运煤系统：采煤工作面3→分带进风运输斜巷4→带区煤仓6→运输大巷1外运。

通风系统：运输大巷1→进风行人斜巷7→分带进风运输斜巷4→采煤工作面3→分带回风运料斜巷5→回风大巷2。

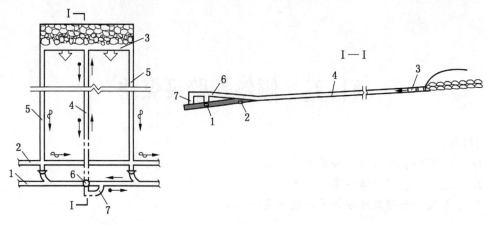

1—运输大巷；2—回风大巷；3—采煤工作面；4—分带进风运输斜巷；
5—分带回风运料斜巷；6—带区煤仓；7—进风行人斜巷

图5－1 单一倾斜长壁采煤法巷道布置

运料系统：运输大巷1→分带回风运料斜巷5→采煤工作面3。

每个回采工作面长度为120～150 m，工作面俯斜连续推进长度可达1000 m或以上。在分带进风运输斜巷4中可铺设带式输送机，在工作面附近设一台刮板输送机或转载机；分带回风运料斜巷5铺设轨道，一般用多台小绞车串联运送材料。小绞车体积小，可不设绞车硐室，将小绞车设于巷道一侧即可，在转运处巷道宜设一段平坡。

三、带区参数及巷道布置分析

1. 带区及分带参数

1）工作面长度

带区内分带工作面长度同走向长壁工作面，由于工作面呈水平或小角度布置，且煤层倾角相对较小，有利于先进的采煤设备发挥优势，因而在煤层厚度和采煤工艺相同时倾斜长壁工作面相对较长。

2）分带的倾斜长度

分带工作面的倾斜长度就是工作面连续推进距离，相当于上山或下山的阶段斜长，上山部分的倾斜长度宜为1000～1500 m或者更长，下山部分的倾斜长度宜为700～1200 m。

2. 带区巷道布置分析

1）单工作面和双工作面

倾斜长壁采煤法也可分单工作面布置和双工作面布置。单工作面布置时，每个采煤工作面布置有两条分带斜巷，一条进风运煤，一条回风运料。而双工作面需3条分带斜巷，中间斜巷为两个工作面共用，担负运输、进风任务。

由于工作面沿煤层走向近似于水平布置，不存在走向长壁双工作面向下运煤和向上拉煤问题，两个工作面可以等长布置。另外，工作面风流也不存在上行与下行的问题，两个工作面的通风状况几乎完全相同。

双工作面布置减少了一条运煤斜巷，并节省了一套运煤设备，生产比较集中，在顶板比较稳定的薄及中厚煤层中，特别是采用炮采或普采工艺时，双工作面布置能够取得较好的技术经济效果。

2）仰斜开采与俯斜开采

对于采用单水平开采的近水平煤层或倾角较小的煤层，阶段进风大巷和回风大巷一般并列布置在井田倾斜中央。根据煤层厚度和硬度，阶段大巷可布置在煤层中或岩石中。在煤层条件无特殊要求的情况下，倾斜长壁工作面可采用仰斜和俯斜相结合的方式，一般运输大巷以上部分采用俯斜开采，以下部分采用仰斜开采，采煤工作面一般由井田上部或下部边界向大巷方向后退式推进，这样对于运输、通风和巷道维护均比较有利。俯斜开采与仰斜开采对应部分可以同时开采，也可以相错一定时间开采。

3）回采巷道布置

倾斜长壁工作面的回采巷道仍可采用双巷布置与掘进、多巷布置与掘进、单巷布置与掘进及沿空留巷，分带斜巷间可设分带煤柱，也可无煤柱护巷，其选择原则同走向长壁工作面。

四、倾斜长壁采煤法工艺特点

在近水平煤层中，不论工作面采用仰斜开采还是俯斜开采，其工艺过程和走向长壁采煤法相似。但随着煤层倾角增大，工作面矿山压力显现规律及采煤工艺又有一些不同的特点。

1. 仰斜开采的采煤工艺特点

由于受煤层倾角影响，仰斜工作面的顶板将产生沿岩层层面指向采空区方向的分力，在此分力作用下，顶板岩层受拉力作用更容易出现裂隙和加剧破碎，顶板和支架还有向采空区移动的趋势。因此，随着煤层倾角加大，仰斜长壁工作面的顶板越不稳定。

仰斜工作面采空区顶板垮落矸石基本上涌向采空区，这时支架的主要作用是支撑顶板。因此，可选用支撑式或支撑掩护式支架。当倾角大于12°时，为防止支架向采空区侧斜，支柱应斜向煤壁6°左右，并加复位装置或设置复位千斤顶，以确保支柱与煤壁的正确位置关系。

在煤层倾角较大时，仰斜工作面的长度不能过大，否则由于煤壁片帮造成机道碎煤量过多，使输送机难以启动。煤层厚度增加时需采取防片帮措施，如打锚杆控制煤壁片帮，液压支架设防片帮装置等。

仰斜开采移架困难，当倾角较大时，可采用全工作面小移量多次前移的方法，同时优先采用与大拉力推移千斤顶配套的液压支架。

仰斜开采时，水可以自动流向采空区，工作面无积水，劳动条件好，机械设备不易受潮，装煤效果好。

当煤层倾角小于10°左右时，仰斜长壁工作面采煤机及输送机工作稳定性尚好。如倾角较大，采煤机在自重影响下，截煤时偏离煤壁会减少截深；输送机也会因采下的煤滚向溜槽下侧，易造成断链事故。为此，要采取一些措施，如减少截深，采用中心链式输送机，下部设三脚架把输送机调平，加强采煤机的导向定位装置等。当煤层倾角大于17°时，采煤机机体常向采空区一侧转动，甚至会出现翻倒现象。

仰斜开采有利于采空区注浆。

2. 俯斜开采的采煤工艺特点

对于俯斜工作面，沿顶板岩层的分力指向煤壁侧，顶板岩层受压力作用，使顶板裂隙有闭合的趋势，有利于顶板保持连续性和稳定性。

俯斜长壁工作面采空区顶板垮落矸石有涌入工作空间的趋势，支架除要支撑顶板外，还要防止破碎矸石涌入。因此，要选用支撑掩护式或掩护式支架。由于碎石作用在掩护梁上，其载荷有时较大，所以掩护梁应具有良好的掩护性和承载性能。当煤层倾角较大，采高大于 20 m，降架高度大于 300 mm 时，经常出现液压支架向煤壁倾倒现象。为此，移架时要严格控制降架高度，并收缩支架的平衡千斤顶，拱起顶梁尾部，使之带压擦顶移架，以便有效防止支架前倾。

在俯斜开采时，煤壁不容易片帮，但采空区的水总是要流向工作面，不利于采空区注浆，随着煤层倾角加大，采煤机和输送机的事故也会增加，装煤率降低。由于采煤机的重心偏向滚筒，俯斜开采将加剧机组的不稳定，易出现机组掉道或拉断牵引链的事故，并会使采煤机机身两侧导向装置磨损严重。

俯斜开采的工作面不易积聚瓦斯。

课题二   厚煤层开采分带巷道布置

如图 5 - 2 所示，厚煤层开采的运输大巷、轨道大巷、回风大巷均布置在煤层底板。

掘进顺序：在分带两侧距煤层底板 10 ~ 15 m 处，从运输大巷 1 沿倾斜向上开掘岩石集中分带运输巷 4 和岩石集中分带回风轨道巷 5，以联络斜巷进入煤层，联络斜巷间距为 120 ~ 150 m。进入煤层后，掘分层超前巷后退采煤。分层巷道和共用巷道可以采用双斜巷联系方式，亦可以采用垂直溜煤眼和材料斜巷的联系方式，应根据具体条件按技术经济合理性来确定。本例采用双斜巷布置，即在轨道集中巷和运输集中巷分别掘岩石联络平巷，再向两个方向掘斜巷联系。

运输系统：上分层工作面 17→煤层分带运输巷 6→进风运输斜巷 8→岩石运输联络平巷 10→岩石集中分带运输巷 4→带区煤仓 15→运输大巷 1。

材料与设备运输：运料斜巷 19→岩石集中分带回风轨道巷 5→岩石运料联络平巷 11→回风运输斜巷 9→煤层分带回风巷 7→上分层工作面 17。另外，部分物料可由轨道大巷 2、进风（运料）斜巷 14 进入岩石集中分带运输巷 4。

通风系统：新风由运输大巷 1、轨道大巷 2→进风（运料）斜巷 14→岩石集中分带运输巷 4→岩石运输联络平巷 10→进风运输斜巷 8→煤层分带运输巷 6→上分层工作面 17→煤层分带回风巷 7→回风运输斜巷 9→岩石运料联络平巷 11→岩石集中分带回风轨道巷 5→回风大巷 3。

课题三   煤层群开采分带巷道布置

采用倾斜长壁采煤方法开采倾角较缓的近距离煤层群时，除要开掘必不可少的水平大巷和各煤层的回采巷道外，还需要开掘煤层之间的联系巷道。

各煤层回采巷道与水平大巷的联系方式有分层布置和集中布置两种。分层布置是在大巷装车站附近开掘一套煤仓和材料斜巷联系各煤层的回采巷道，如图 5 - 3 所示。

集中布置是沿下部的薄及中厚煤层或煤层底板岩石中的水平大巷开掘为各煤层共用的

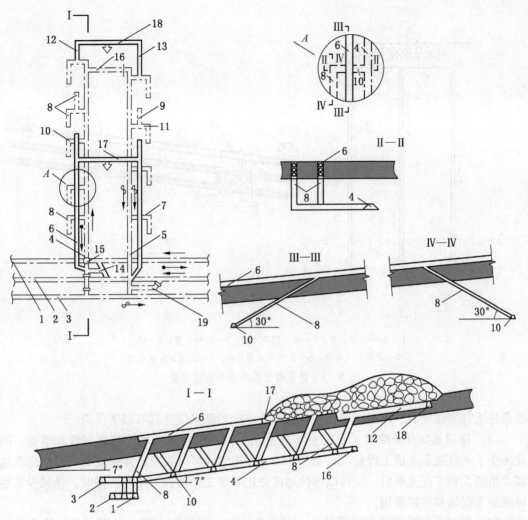

1—运输大巷;2—轨道大巷;3—回风大巷;4—岩石集中分带运输巷;5—岩石集中分带回风轨道巷;6—煤层分带运输巷;
7—煤层分带回风巷;8—进风运输斜巷;9—回风运输斜巷;10—岩石运输联络平巷;11—岩石运输联络平巷;
12—中分层分带运输巷;13—中分层分带运料回风巷;14—进风(运料)斜巷;15—带区煤仓;
16—联络巷;17—上分层工作面;18—中分层工作面;19—运料斜巷

图5-2 厚煤层开采的分带巷道布置

材料斜巷和煤仓等,由集中巷道每隔一定距离开掘联络巷道,通达各煤层的回采巷道。其巷道布置与厚煤层分层开采时的巷道布置相似。各煤层工作面的开采顺序,同样可以分煤层依次开采,也可以保持一定错距同时开采。

课题四　倾斜长壁采煤法优缺点和适用条件

一、倾斜长壁采煤法的优缺点

根据倾斜长壁采煤法的巷道布置及采煤工艺特点,以及国内外一些矿井的实践,在地

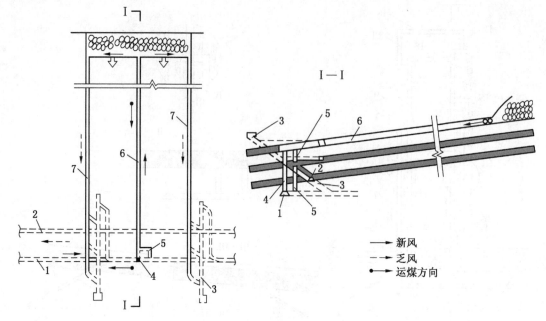

1—水平运输大巷；2—水平回风大巷；3—材料斜巷；4—煤仓；
5—进风行人斜巷；6—工作面运输巷道；7—工作面回风巷道

图 5-3 煤层群开采的分带巷道布置

质条件适宜的煤层中，采用倾斜长壁采煤法比走向长壁采煤法具有以下优点：

（1）倾斜长壁开采取消了采区上（下）山，减少了采区车场等巷道布置和硐室，因此减少了一些准备巷道工程量（约减少 15%），相应地可以缩短矿井建设期。当井底车场和少量的大巷工程完毕后，就可以很快地准备出采煤工作面投入生产。同时，还减少了巷道维护工程量和维护费用。

（2）运输系统简单，占用设备少，运输费用低。工作面出煤经分带斜巷运输直达运输大巷，运输环节少，系统简单。

（3）由于倾斜长壁工作面两侧的运输、通风巷道可以沿煤层掘进，又可以保持固定方向，故可使采煤工作面长度保持等长，从而减少了因工作面长度变化给生产带来的不利影响，有利于充分发挥综合机械化采煤设备的效能。

（4）由于倾斜长壁开采取消了采区上（下）山，分带运输斜巷和分带回风运料斜巷担负采煤工作面的通风任务，因此通风路线短，风流方向转折变化少，同时使巷道交岔点和风桥等通风构筑物也相应减少。

（5）倾斜长壁工作面既可仰斜向上推进，也可俯斜向下推进。当煤层顶板淋水较大或采空区采用注浆防火时，仰斜开采有利于疏干工作面，创造良好的工作环境；当瓦斯涌出量较大时，俯斜开采有利于减少工作面瓦斯含量。

（6）技术经济效果比较显著。国内外实践表明，在工作面单产、巷道掘进率、煤炭采出率和吨煤成本等指标方面，都有显著提高或改善。

倾斜长壁采煤法存在的主要问题是：长距离的倾斜巷道，使掘进及辅助运输、行人比较困难；现有设备都是按走向长壁工作面的回采条件设计和制造的，不能完全适应倾斜长壁工作面生产的要求；大巷装车点较多，特别是当工作面单产低，同时采煤工作面个数较多时，这一问题更加突出；有时还存在乏风下行的问题。上述问题采取措施后可以逐步得到克服。

二、倾斜长壁采煤法的适用条件

能否采用倾斜长壁采煤法主要考虑煤层倾角的大小，另外还要考虑地质构造特点和工作面连续推进长度。在开采区域内不受走向断层影响，且在保证足够工作面连续推进长度和目前采煤设备的条件下，倾斜长壁采煤法主要适用于倾角小于12°的煤层；随着煤层倾角加大，技术经济效果逐渐变差，当对采煤工作面设备采取有效的技术措施后，可应用于12°～17°的煤层；对于倾斜和斜交断层较多的区域，能大致划分成较为规则分带的情况下，可采用倾斜长壁采煤法或伪斜长壁采煤法。其他因素对采用倾斜长壁采煤法的影响较小。

值得注意的是，由于煤层赋存条件的变化，一个矿井开采中可能同时存在走向长壁采煤法和倾斜长壁采煤法。必要时要进行技术经济比较，最后确定采煤方法。

复习思考题

一、填空题

1. _____就是回采工作面沿煤层走向布置，按煤层倾斜方向推进的采煤方法。

2. 带区及分带参数主要包括_____、_____。

3. 倾斜长壁工作面的回采巷道仍可采用_____、_____、_____及_____。

4. 倾斜长壁采煤法按工作面推进方向的不同分为_____和_____两种。

二、判断题

1. 倾斜长壁采煤法主要适用于倾角小于17°的煤层，可以选择炮采、普采和综采工艺。　　　　　　　　　　　　　　　　　　　　　　　　　　　　（　　）

2. 倾斜长壁采煤法与走向长壁采煤法的主要区别在于回采巷道布置的方向不同，相当于走向长壁采煤法中的区段转了180°。　　　　　　　　　　　　（　　）

3. 倾斜长壁采煤法的区段可视为走向长壁采煤法倾斜分带。　　　　（　　）

三、简答题

1. 倾斜长壁采煤俯斜和仰斜开采时各应注意哪些问题？

2. 与走向长壁采煤法相比，倾斜长壁采煤法的优缺点及适用条件是什么？

项目六　爆破采煤工艺

【学习目标】

1. 掌握爆破采煤工艺的基本工序。
2. 熟悉相应的具体操作。
3. 掌握爆破采煤的Π型钢放顶煤工艺、滑移支架放顶煤工艺。

课题一　爆破采煤工艺基本知识

一、爆破采煤

爆破采煤简称炮采，其特点是爆破落煤，爆破及人工装煤，机械化运煤，用单体支柱和顶梁或悬移液压支架支护工作面空间顶板。

爆破采煤的工艺过程包括打眼、爆破落煤和装煤、人工装煤、刮板输送机运煤、移置输送机、支护和回柱放顶、采空区处理等主要工序。

1. 爆破落煤的要求

爆破落煤包括打眼、装药、填炮泥、联炮线、爆破等工序。

具体爆破落煤要求有：保证规定的进度、工作面平直，不留顶煤和底煤，不破坏顶板，不崩倒支柱和不崩翻工作面输送机，崩落煤的高度和块度适中，尽量降低电雷管和炸药消耗量。

2. 爆破参数

爆破参数包括炮眼排列、角度、深度、装药量、一次起爆的炮眼数量以及爆破顺序等。根据煤层的强度、厚度、节理和裂隙的发育状况及顶板条件确定。

根据爆破落煤所用电雷管不同，可以分瞬发雷管爆破、毫秒雷管爆破（也称微差爆破技术）两种。

1）炮眼布置

（1）单排眼：一般用于薄煤层或煤质软、节理发育的煤层，如图6-1a所示。

（2）双排眼：其布置形式有对眼、三花眼和三角眼等，一般适用于采高较小的中厚煤层。煤质中硬时可用对眼（图6-1b），煤质软时可用三花眼（图6-1c）。煤层上部煤质软或顶板较破碎时可用三角眼。

（3）三排眼：亦称五花眼，用于煤质坚硬或采高较大的中厚煤层，如图6-1d所示。

炮眼布置原则：一般是根据采高、推进度、煤的硬度、裂隙节理与顶底板岩石性质及有无夹矸而定。采高小于1.6 m，采用三花眼布置；采高超过2 m，采用五花眼布置；采高在1.6~2 m之间，视煤质软硬而定。煤质较软，$f=1~1.5$，按三花眼布置；煤质较硬，$f=1.5$以上，按五花眼布置。

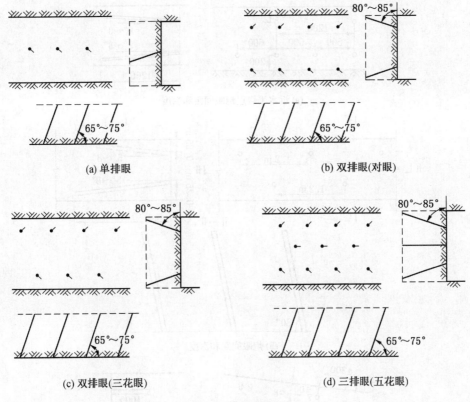

(a) 单排眼　　　　　　　　　　　　　(b) 双排眼(对眼)

(c) 双排眼(三花眼)　　　　　　　　　(d) 三排眼(五花眼)

图 6-1　炮眼布置

2）炮眼角度

炮眼角度应满足下列要求：

（1）炮眼与煤壁的水平夹角一般为 50°~80°，软煤取大值，硬煤取小值。为了不崩倒支架，应使水平方向的最小抵抗线朝向两柱之间的空当。

（2）顶眼在垂直面上向顶板方向仰 5°~10°，最大不超过 15°，具体要视煤质软硬和煤层粘顶情况而定，应保证不破坏顶板的完整性。

（3）一般炮眼仰角为 2°~3°，最大为 5°~8°，顶板破碎时尽量打平眼。底眼眼底接近底板，以不丢底煤和不崩翻输送机为原则。

3）炮眼深度

炮眼深度视推进度而定，一般为 0.6~1.2 m；每次进度有 0.6 m、0.8 m、1.0 m、1.2 m 不等，应以与单体支架顶梁长度相适应为宜。

不同类型煤层的炮眼角度、间距与深度如图 6-2 所示。

4）炮眼间距

据一些矿井试验得知，煤质中等硬度时，顶眼间距为 1.1~1.3 m，底眼间距为 0.9~1.0 m，装药量为 300~500 g，可取得较好的爆破效果。

5）炮眼的装药量（单眼）

每个炮眼的装药量根据煤质软硬、炮眼位置和深度及爆破次序而定，通常为 150~600 g。双排眼顶眼与底眼可以按 0.5：1 考虑。三排眼也就是底眼、腰眼、顶眼可以按

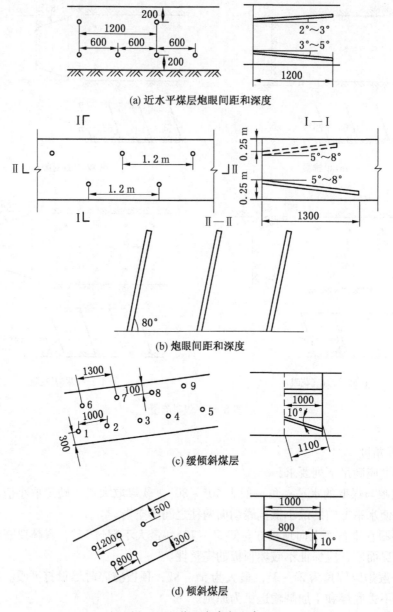

(a) 近水平煤层炮眼间距和深度

(b) 炮眼间距和深度

(c) 缓倾斜煤层

(d) 倾斜煤层

图 6-2　炮眼角度与深度

1：0.75：0.5 参考装药。当然具体情况具体分析,在现场应结合实际情况采取恰当的装药量。

　　6）其他参数

　　（1）装药结构：如图 6-3 所示,分正向装药和反向装药两种。

　　（2）连线方式：具体如图 6-4 所示。

　　爆破一般采用串联法连线,一般可将可弯曲刮板输送机移近煤壁。每次起爆的炮眼数目应根据顶板稳定性、输送机启动及运输能力、工作面安全情况而定。条件好时,可同时起爆数十个眼;如顶板不稳定,每次只能爆破几个眼,甚至留煤垛间隔爆破。

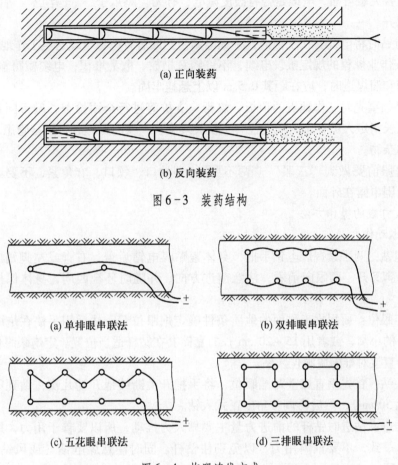

(a) 正向装药

(b) 反向装药

图6-3　装药结构

(a) 单排眼串联法　　　　　　　　(b) 双排眼串联法

(c) 五花眼串联法　　　　　　　　(d) 三排眼串联法

图6-4　炮眼连线方式

（3）爆破顺序：一般有顶底眼同时爆破、先爆破底眼后爆破顶眼、先爆破顶眼后爆破底眼3种。后一种爆破顺序适用于爆破装煤，优点是可提高爆破装煤率，减少人工装煤量。

①确定合理的间隔时间与起爆顺序（以毫秒雷管爆破为例）。合理的间隔时间，应大于弹性震动延续时间（一般为4～6 ms），应大于煤（岩）开始移动到形成裂隙的时间（一般为4.3～5.8 ms）。具体办法是通过现场试验，当炸药消耗量低，炮眼利用率高，震动小，即为合理的间隔时间。起爆顺序合理与否是决定毫秒雷管爆破效果好坏的关键。据一些矿井试验得知，底眼依次1～5段起爆，顶眼2～5段起爆。前段炮眼爆破后，对后段爆破相当于增加一个自由面，爆破效果好、装煤率高，且不崩倒支柱。具体应该根据测试确定合理的间隔时间与起爆顺序。

②用瞬发雷管崩动支柱的占50%～70%，而毫秒雷管仅占3.5%。

二、打眼操作方法

1. 操作准备

（1）备齐注液枪、锹、镐、钻杆、钻头等工具。检查煤电钻是否完好，煤电钻综合保护装置是否灵敏可靠，电缆是否有破皮漏电，有无"鸡爪子""羊尾巴"等隐患，防尘水管是否配齐。

（2）持钻时将电缆套在手把内，手提电钻手把或肩背电钻电缆送至工作地点。

（3）按作业规程的规定敷设电缆，不许随意扔放、散乱堆积；电缆横跨输送机机头、机尾、溜槽和溜煤道时，应在距其0.5 m以上悬挂牢固。

（4）必须事先对工作地点的顶板、煤帮、支护等进行全面检查，敲帮问顶，摘除危帮，由班组长指定人员补全空缺支柱，更换失效支柱，及时处理各种安全隐患，清除炮道内的浮煤和杂物。

（5）打眼前要做到"三紧""两不要"，即袖口、领口、衣角紧，不要戴布、线手套，不要把围巾露在外面。

2. 单人打眼的操作方法

1）基本动作

（1）抱钻：两手紧握煤电钻手把，身体紧贴煤电钻后盖，右脚或左脚稍向前站，身体前倾，两脚叉开，两眼向前看，注意前进方向，并随时环视四周，身体保持的姿势正确。

（2）定眼位：要根据工作面的地质条件确定炮眼位置，然后用手镐在炮眼位置处刨出能放钻头的小窝，或者用15～20 cm长的套筒套在钻杆适当位置。定炮眼眼位时，用手紧握套筒，直接对准炮眼眼位入钻。

（3）入钻：首先垂直煤壁对准眼位，将手把开关断续地开动几次，钻到能支持钻杆的深度（约50 cm），然后再调整角度正式入钻。

（4）推进：钻进时钻杆的前进力量主要靠人力推动，所以要善于用力，用力方向要与炮眼方向一致，不要偏斜用力，以免别住钻杆。同时注意煤电钻（或风钻）的响声，不能用力过猛。

（5）退钻：钻进到规定深度后应停止钻进，在煤电钻旋转时来回拉动钻杆，当排除煤粉后再停止煤电钻，然后一手提钻，一手扶住钻杆，顺着炮眼的方向退钻。

2）打顶眼

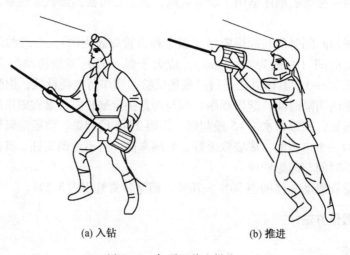

(a) 入钻   (b) 推进

图6-5 打顶眼单人操作

如图6-5所示，顶眼的位置较高，入钻时一手握住煤电钻的手把，把煤电钻提起靠在同侧的腿上，另一只手将煤电钻向上正对着顶眼眼窝，然后开动煤电钻。钻进5 cm时不停钻，一手托扶煤电钻的后盖，一手紧握手把，同时找好角度向前推进。

3）打腰眼

打腰眼时，入钻方法与打顶眼相同，如图6-6所示。钻入5 cm后换一只手握住煤电钻的开关，用双手将煤电钻的手把旋转一个角度抬起，使煤电钻和腰眼的高度相同，同时找正找好角度，然后身体紧贴煤电钻的后盖向前推进。腰眼打到规定深度后退钻，退钻方法与前面所述相同。

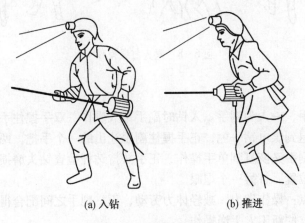

(a) 入钻　　　　　　(b) 推进

图6-6　打腰眼单人操作

4）打底眼

一般底眼距底板200～500 mm，入钻方法同打顶眼，如图6-7所示。但是由于眼位低，钻位也应该低。找正角度后，把煤电钻稍微提起，按规定的角度要求向下打眼。当底眼打够到规定深度后，开始退钻。

(a) 入钻　　　　　　(b) 推进

图6-7　打底眼单人操作

单人打眼的特点是：操作灵活，方向和角度容易掌握，能保证炮眼质量，且钻进快，推力均匀，但是个人劳动强度较大。

3. 双人打眼的操作方法

两人操作，一人在电钻一侧领钎定眼，一人在另一侧紧握电钻手把，如图 6-8 所示。

图 6-8　双人打眼操作

1）抱钻定位

确定一人为正手，一人为副手。入钻时副手单人操作，双手握住手把，正手定炮眼位置。推进时，副手退到煤电钻一侧，正手握住副手让出的一个手把，两人共同抱钻。退钻时正手离开钻位，副手又恢复到单手操作，正手扶持钻杆检查钻头磨损程度，再把钻杆安放在另一个炮眼的位置，打另一个炮眼。

双人操作的优点：操作省力，减轻体力劳动，正、副手之间配合得当，效率高，速度快，钻进质量好，方便新工人上岗操作。

2）正、副手配合的有关注意事项

（1）在打眼作业中，正手是打眼工作的指挥者，副手主要负责操作。正、副手之间要均匀用力，密切配合。

（2）要严格按照作业规程中爆破说明书的炮眼布置方式进行炮眼定位、打眼。先用手镐刨点定位，定位后使钻头顶紧定位点，间断地送电 2~3 次，使钻头钻进煤体。

（3）钻头钻进煤体后，根据爆破说明书的规定调整钻进方向和角度，打眼时要均匀用力，顺势推进，调节好水量，排出孔内煤粉。成型的炮眼内煤粉必须清理干净。

（4）底眼打完后，要用木楔或大块煤矸盖好眼口，以防煤粉堵塞。

上述需要说明的是有的地方打眼采用风动工具，其操作方法基本与煤电钻相同，只是动力和工具内部构造的差别，这里不再赘述。

收尾工作：打眼工作结束后，拔下钻杆，卸下钻头，切断电源，将电缆、电钻、水管等工具运至指定地点整理好。

三、爆炸物品和有关操作

1. 爆炸物品

1）炸药

根据矿井的瓦斯等级，低瓦斯矿井选用二级煤矿许用炸药，高瓦斯矿井选用三级煤矿许用炸药，有煤与瓦斯突出危险的工作面选用三级煤矿含水炸药。

2）雷管

这里主要以毫秒雷管为主。选用 1~5 段合格的煤矿许用的毫秒雷管，桥丝为镍铬丝，铁脚线，电阻一般为 5.5~6.0 Ω。

3）发爆器

发爆器采用最大起爆能力为 50~100 发的 MFB-50A 型和 MFB-100A 型发爆器。

2. 有关操作

1）引药（俗称炮头）的制作方法

（1）扎孔装配引药。用一根比雷管直径稍粗的尖头木棍在药卷的平头扎一个圆孔，把雷管全部装入药卷中，然后用脚线缠绕固定，如图 6-9 所示。

（2）撕口装配引药。将药卷平头的封口撕开，用两个手掌把药卷揉松，然后将雷管全部插进去，用雷管脚线把封口扎住，如图 6-10 所示。

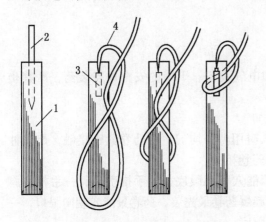

1—药卷；2—扎孔棍；3—电雷管；4—脚线

图 6-9 扎孔装配引药

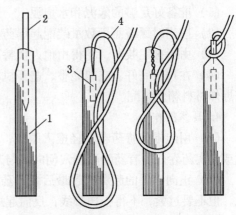

1—药卷；2—扎孔棍；3—电雷管；4—脚线

图 6-10 撕口装配引药

2）安全注意事项

（1）必须防止电雷管受震动或冲击，防止折断脚线及损坏其绝缘层。

（2）从成束雷管中抽出单个电雷管时，应将成束的电雷管脚线顺好，拉住前端脚线将电雷管抽出，不得生拉脚线硬拽管体或手拉管体硬拽脚线。

（3）先用木（竹）扦在药卷的顶端中心垂直扎好略大于电雷管直径的孔，然后将电雷管全部插入孔眼，电雷管必须由药卷的顶部装入。然后将脚线在药卷上拴一个扣，剩余的脚线全部缠在药卷上挽好，并将脚线扭结成短路状态。

（4）装好的起爆药卷要立刻整齐地摆放在容器内，清点数量，防止遗失，严禁随处乱放。

3. 装药与爆破的有关操作

1）操作准备

（1）检查发爆器外观是否完好，充电后氖灯是否明亮，是否按期校验合格，否则不得领用。不准用短路的方法检查发爆器。

（2）领取爆破母线，检查母线长度、规格和质量，给母线接头除锈并扭结，用绝缘带包好。

（3）备齐木（竹）扦、木（竹）质炮棍、水炮泥袋。炮棍的直径应略大于药卷直径。

（4）持领料单到火工品材料库领取炸药与电雷管，检查领取的炸药、雷管品种、数量及雷管编号是否相符，是否已经过期或严重变质。

（5）将爆炸材料直接运送到临时存放地点，严禁中途停留。

2）操作顺序

爆破工（放炮员）按以下顺序操作：领取工具→领取爆炸材料→运送爆炸材料→存放爆炸材料→装配起爆药卷→检查炮眼、瓦斯→进行处理→装药→撤离人员→设警戒→检查瓦斯→连线→做好电爆网络全电阻检查→发出信号→起爆→爆破后检查→撤警戒→收尾工作。

3）操作安全要求

（1）准备好足够的炮泥和水炮泥。

（2）按当时爆破需用数量装配起爆药卷。

（3）由爆破工装药，不得由他人代替。

（4）在顶板完好、支架完整、避开机械和电气设备、干燥的安全地点装药，严禁坐在爆炸材料箱上装配。

4. 具体操作

（1）用炮棍先将药卷轻轻推入眼底，推入时用力要均匀，使药卷紧密接触，严禁冲撞或捣实药卷。所有药卷聚能穴朝向要与起爆药卷相同。

（2）正向起爆的起爆药卷最后装，药卷聚能穴朝向眼底，一手推引药，一手松直脚线，但不要过紧，不得损伤脚线；反向起爆的起爆药卷最先装，药卷聚能穴朝向眼口，一手拉住脚线，一手用炮棍将起爆药卷轻轻推入眼底。

5. 装填炮泥

（1）先紧靠药卷填上 30～40 mm 的炮泥，然后按作业规程规定的数量装填水炮泥，再在水炮泥外端用旧式炮泥（黏土做的）将炮眼封实。不得使用漏水的水炮泥。

（2）装填时要一手拉脚线，一手填炮泥，用炮棍轻轻用力将炮泥慢慢捣实，用力不要过猛，防止捣破水炮泥。炮眼装填完后，要将电雷管脚线悬空。

（3）封泥长度要符合作业规程规定，一般应将炮眼填满。炮眼深度为 0.6～1 m 时，封泥长度不得小于炮眼深度的 1/2；炮眼深度超过 1 m 时，封泥长度不得小于 0.5 m；炮眼深度超过 2.5 m 时，封泥长度不得小于 1 m。

6. 爆破落煤"七不"

（1）不发生爆破伤亡事故。

（2）不崩倒支柱，防止发生冒顶事故。

（3）不崩破顶板，便于支护，降低含矸率。

（4）不留底煤和伞檐，便于摆煤和支护。

（5）不发生引燃、引爆瓦斯和煤尘事故。

（6）不崩翻刮板输送机，崩坏油管和电缆等。

（7）块度均匀，不出大块，减少人工二次破碎工作量。

课题二 装煤与运煤

一、装煤

装煤包括爆破装煤、人工装煤、机械装煤。

1. 爆破装煤

爆破装煤是利用采煤工作面爆破的方法把煤抛掷到输送机上，一般爆破装煤率可达30% ~40%，有些情况可能低于或高于这个数值。

采用合理的爆破参数，可使爆破装煤率超过50%，具体办法是采用浅进度。炮眼深度一般为0.6~1.2 m；每次进度有0.6 m、0.8 m、1.0 m、1.2 m不等，应以与单体支架顶梁长度相适应为宜。为了提高爆破的装煤率，可以采用0.6 m、0.8 m的循环进度，最好采用0.6 m。另外就是降低炮眼的装药量和减少每次爆破的数目，以双排眼布置为例，顶眼与底眼的药量比可采用0.5∶1，具体底眼的单眼药量一般不超过450 g（3卷）。每次爆破的炮眼数目应该控制在30 ~40 个以内。

2. 人工装煤

人工装煤主要是指输送机与新暴露煤壁之间松散煤安息角线以下的煤，崩落或撒落到输送机之外采空侧的煤。人工装煤主要是用铁锹往溜槽上装煤，人工装煤的缺点是劳动强度大、效率低。

3. 机械装煤

机械装煤是指在刮板输送机煤壁侧装铲煤板，在输送机的采空侧装挡煤板，具体如图6 -11 所示。

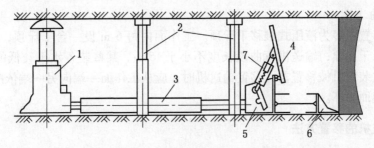

1—双伸缩切顶墩柱；2—单体液压支柱；3—千斤顶；4—挡煤板；
5—挡煤板底座；6—铲煤板；7—支撑杆

图6-11 炮采工作面机械装煤作业

图6-11 所示布置的主要特点是：在输送机的煤壁侧装铲煤板6，在输送机的采空侧装挡煤板4。挡煤板4靠其底座5上的支撑杆7支撑，通过操纵手柄可使支撑杆7带动挡煤板竖起或向采空侧放倒；工作面装备 SQD 型双伸缩切顶墩柱1，切顶墩柱通过大推力千斤顶3的收缩实现自行前移，并可在推移输送机时铲装煤。打眼和装药时将挡煤板4放倒，爆破时挡煤板立起，防止煤被崩落而撒入采空侧，可使60% 以上的煤自行装入输送机，余下的煤在大推力千斤顶3的推动下被铲煤板铲入输送机。

二、运煤及推移输送机

1. 运煤

炮采工作面在煤层倾角25°以下时，可采用普通刮板输送机或可弯曲刮板输送机，倾角25°~30°采用搪瓷溜槽，大于30°采用铸石溜槽自溜运煤。现以可弯曲刮板输送机为例予以说明。

炮采工作面大多采用SGW－40（或44）型可弯曲刮板输送机运煤，在摩擦式金属支柱或单体液压支柱及铰接顶梁所构成的悬臂支架掩护下，输送机贴近煤壁，有利于爆破装煤，如图6－12所示。

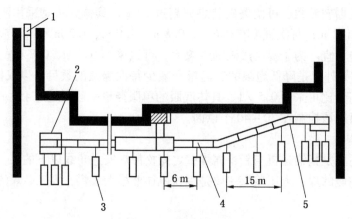

1—泵站；2—机头；3—千斤顶；4—输送机；5—机尾

图6－12　推移输送机

2. 推移输送机

输送机移置器多为液压式推移千斤顶。工作面内每6 m设一台千斤顶，输送机机头、机尾各设3台千斤顶，输送机弯曲段长度不小于15 m。某些装备水平较低的炮采工作面可使用电钻改装的机械移置器，移置输送机时，应从工作面一端向另一端依次推移，以防输送机槽拱起而损坏。

三、输送机的移置方法

（1）输送机的移置主要靠千斤顶来完成。液压推移装置是由液压千斤顶和供液设备（泵站）组成。推移距离应符合循环尺寸。

（2）液压千斤顶在中部槽处，每隔6 m设一台，在机头、机尾处设3~4台推移输送机时，输送机弯度不能大于3°，弯曲长度应大于15 m，千斤顶应与中部槽保持垂直。

（3）在移机头（机尾）时，工作面其他千斤顶停止工作，目的是减少推移时的阻力。

（4）推移输送机时，同时工作的千斤顶不得少于2台，且前后千斤顶相互协调，应严格控制输送机每次推移的距离。

（5）倾斜煤层工作面使用可弯曲刮板输送机，由于煤层倾角大，输送机容易下滑。为此，可采取以下措施防止输送机下滑：

①在输送机机头、机尾处设置防滑架，并用2~4根斜撑柱将其固定。

②在回风平巷安设一台小绞车拉住机尾，防止输送机下滑。

③将输送机机头安装在回风巷，输送机倒拉，机尾与进风巷输送机不直接搭接，中间接有 5～10 m 的陶瓷溜槽，在输送机少量下滑时可起调整作用。

④改变输送机的推移顺序，当机头在上方时，先自上而下推移机头下方 15～20 m 溜槽，打上临时压柱，再移机头。

⑤撤除机头部的压柱，再移机头。机头移过后重新把机头的压柱打紧，拆除临时支柱，再自上而下推移输送机。

课题三　工作面支护

一、工作面支（柱）架种类

工作面支（柱）架按材质分有木质、金属两大类；按支柱与顶梁的配合关系分有单体液压支柱与金属铰接顶梁组成的悬臂支架，单体液压支柱与Ⅱ型钢梁组成的支架，特种支架等。

二、工作面常见支护

1. 单体液压支柱

单体液压支柱有内注式和外注式两种。

1）单体液压支柱的最大（小）高度

单体液压支柱的最大（小）高度要依据采煤高度，考虑活柱的最小安全回柱行程（一般取 50 mm），结合支柱从零增到额定工作阻力时支柱的压缩量（一般取 10 mm）进行确定。

2）支架的支护密度和支护强度

确定支护密度就是确定工作面支柱的排距和柱距，采煤工作面支架的支护密度主要决定于顶板压力的大小和支柱的最大阻力。顶板压力的大小通常用支护强度来表示。所谓支护强度，就是指顶板单位面积（m²）所需的支撑力。目前确定支护强度的办法有以下三种。一是有本煤层邻近工作面的矿压观测资料，据此来确定工作面支架的支护强度。二是已确定本煤层的顶板分类，即已经确定本煤层的直接顶属于哪一类，基本顶属于哪一级。在此情况下，可通过查表求得工作面的支护强度。这种方法对缓倾斜煤层是比较可靠的。三是估算法。当没有上述两种数据时，也可以采用估算法求得工作面的支护强度。

支护强度计算公式如下：

$$p_t = (4 \sim 8) Mr$$

式中　　　p_t——支护强度，t/m²；

　　　　　M——采高，m；

　　　　　r——顶板岩石的密度，t/m³；

　　（4～8）——求算岩柱高度的倍数。应根据基本顶来压强度确定，来压等级高则取大值。

支架的支护密度按下式计算：

$$n = \frac{p_t}{\mu R_t}$$

式中　p_t——工作面的支护强度，kPa；

　　　R_t——支柱额定工作阻力，kN/根；

　　　μ——支柱额定工作阻力实际利用系数，摩擦支柱取 0.5，单体液压支柱取 0.85。

　　工作面柱距可以根据支护密度计算：

$$a = \frac{NS}{Nb + F}$$

式中　N——工作面支柱排数；

　　　F——机道上方梁端至煤壁的距离，一般取 200 mm；

　　　S——每根支柱的支护面积，m^2；

　　　b——排距。

　　3）支柱（架）的架设

　　（1）严格执行作业规程的规定，支柱沿倾斜、走向均打成直线。

　　（2）支柱的迎山角要与顶板坡度相适应。

　　（3）严禁把支柱架设在浮煤上。

　　（4）底板松软时，应该在支柱下垫上木料。

　　（5）遇破碎顶板时，应在两架棚子间插上护顶材料。

　　（6）在有坡度的工作面内架设支架的立柱，立柱与顶底板法线方向上偏离的一个角度叫作迎山角，如图 6-13 所示。

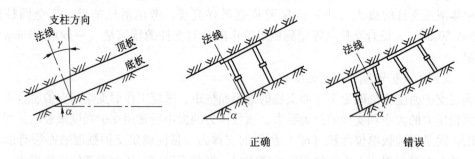

α—工作面倾角；γ—支柱迎山角

图 6-13　支柱迎山角

　　迎山角的作用：支柱迎山角的作用是使支柱稳固地支撑顶板，以免顶板来压时支柱被推倒。打柱时迎山角的大小要根据工作面倾角而定，迎山角的角度一般是工作面倾角的 1/8~1/6，最大值不得超过 8°。所以在打柱时，应按上面的要求正确操作，既不能过大，也不能过小或无迎山角。迎山角过大时称"过山"，内有迎山角时称"退山"。无论是"过山"还是"退山"，支柱对顶板的支撑效果不好时在顶板来压时都容易发生倒柱。

　　2. 悬臂支架

　　悬臂支架由单体液压支柱与铰接顶梁组成，用于支撑新暴露的顶板。这种支护方式的特点是：新暴露的顶板能够立即得到悬臂梁的承托，出煤后可及时在梁下支护，以减少顶板的初期下沉，同时每列支架都被铰接在一起，支架整体性强，能有效发挥每根支柱的作用，减少顶板的台阶状下沉和断裂。

悬臂支架支护按照顶梁与支柱的相对位置关系可分为正悬臂与倒悬臂两种。悬臂伸向工作面的称为正悬臂，悬臂伸向采空区的称为倒悬臂。正悬臂支架的特点是：机道有悬臂支护，必要时还可掘梁窝提前挂梁，打贴帮柱，机道安全条件好。当机道宽1.2 m时，若使用0.8～1.2 m长的顶梁，则梁端面距煤壁尚有一定的间隙，全部机道顶板维护困难，应防止局部冒顶。

一般炮采和普采工作面支架布置方式主要有齐梁直线柱和错梁直线柱两种，如图6-14所示。

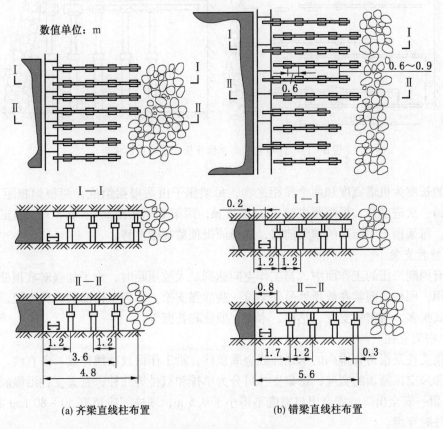

(a) 齐梁直线柱布置   (b) 错梁直线柱布置

图6-14 悬臂齐梁、错梁布置

1）齐梁直线柱的布置特点

梁端沿煤壁方向对齐，支柱排成直线。落煤时，工作面一次进度（爆深或截深）应与铰接顶梁长度相等。每次落煤后沿工作面全部挂梁、支柱，一般全部为正悬臂支架。这种支架形式简单，规格质量容易掌握，放顶线整齐；工序较简单，采煤工作面的"三道"（输送机道、行人道、材料道）便于组织和管理。

2）错梁直线柱的布置特点

工作面一次进度（爆深或截深）为顶梁长度的一半；正、倒悬臂支架相间布置；每次落煤后间隔挂梁，顶梁交错向前移动；工作面全长完成第一次落煤时，支临时支柱，工作面全长完成第二次落煤时临时支柱改为永久支柱，工作面全长完成二次落煤，工作面增加一排控顶距。错梁直线柱布置机道上方顶板悬露窄，支护及时；工作面全长完成一次落煤挂梁，支柱数量少，工作量均衡。错梁直线柱布置时，在切顶线处支柱不易被埋住，因此现场多用；但是行人、运料不方便，对切顶不利，倒悬臂梁易损坏。

3. 单体液压支柱与∏型钢梁组成的支架

∏型钢梁与单体液压支柱组成的支架（迈步抬棚）如图 6-15 所示，这种支架布置的控顶形式一般为四五排控顶。

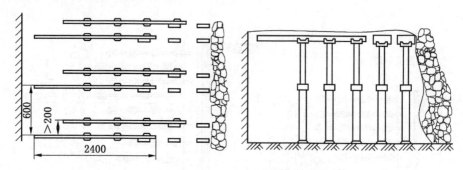

图 6-15　∏型钢梁与单体液压支柱组成的支架

梁的长度为机道宽度和两个排距之和，每架棚子由两根梁组成，两根梁相距 0.2 m，前后相错一次进度长，梁端距煤壁 0.2～0.3 m，两架棚子相距 0.6～0.8 m。随工作面每次落煤，每架棚子中滞后的顶梁前移，这样两根顶梁交错前移。

4. 特种支架

在有周期来压的工作面中，当工作空间达到最大控顶距时，为了加强对放顶处顶板的支撑作用，回柱之前常在放顶处另外架设一些加强支架，称为工作面的特种支架。特种支架的形式很多，有密集支柱、丛柱、木垛、戗柱和托棚等。

1）密集支柱

密集支柱是指密集排列的木顶柱或金属顶柱，沿工作面放顶线排成一条直线。根据顶板压力和采空区悬顶的宽度，密集支柱可分为单排和双排等几种，密集支柱沿倾斜方向每5～8 m 留一安全出口，安全出口宽度不得小于 0.5 m，顶柱间应留有 50～80 mm 的空隙，以便回柱时穿绳。

2）丛柱

丛柱即一组排列成丛状的立柱，每组丛柱有 3～6 根立柱，柱间间隙为 40 mm。当顶板完整坚硬，垮落时块度较大，易将密集支柱推倒时，可采用丛柱作为切顶支柱。

3）木垛

木垛是用矩形或圆形断面的坑木逐层叠放而成。矩形断面的坑木稳定性较好，用圆木时最好在相对的两面削去木柱直径 1/7～1/4 的表皮。木垛的形式有正方形、长方形及三角形 3 种。为了使木垛具有一定的刚性，增强其对顶板的支撑能力，可在木垛中填以矸石。

4）托棚

托棚（戗棚）一般由金属支柱或木支柱与顶梁（木顶梁或铰接顶梁）组成一梁三柱，并与煤壁平行。它多用于无密集支柱放顶的工作面，以支撑原有的支架，防止采空区垮落的矸石推倒基本支架。戗柱是由金属或木支柱与顶帽组成的一柱一帽式斜柱，其作用与托棚相同。

5. 悬移液压支架

悬移液压支架是炮采和普采新出现的支护方式，其顶梁和单体液压支柱连接在一起，顶梁由贯穿工作面全长的方形梁承托。随工作面落煤，液压支柱回缩柱根提起，顶梁和液压支柱一起向前移动一次进度的距离后，液压支柱伸长柱根落向底板，然后支撑顶梁。悬移液压支架按照顶梁的宽窄有分体顶梁、整体顶梁和复合顶梁三种类型；按照刮板输送机的位置和数量有前部单输送机、中部单输送机和前部中部双输送机三种类型。前部单输送机适用于单一薄及中厚煤层的开采，中部输送机和前部中部双输送机适用于厚煤层放顶煤开采。

三、工作面运输巷和回风巷的支护要求

工作面运输巷和回风巷的支护，靠近工作面的 20 m 左右，有时可达 30 m 的范围内，由于工作面前方移动支承压力和两巷两侧固定支承压力的共同作用，而使该范围内巷道压力很高，如果仍然采用正常巷道支护方式，很难达到支护目的，有时甚至发生事故而影响工作面正常生产，因此应加强该范围内两巷支护。

在生产实践中，工作面两巷断面形状和支护方法各异。所以，应在矿山压力观测的基础上，充分考虑煤层及其顶底板岩层的性质，结合两巷断面形状和支护方式，确定超前支护距离和支护方式。

1. 加强机道支护

机道（工作面运输巷）是工作面支护的薄弱点，这里往往由于片帮和不能及时支护发生局部冒顶。加强机道支护的主要方法有：

（1）向煤壁开梁窝架超前梁，落煤后立即打临时支柱。

（2）提高支柱支撑力和支护刚度。近年来Π型钢顶梁加强破碎顶板和分层网下顶板的机道支护是十分有效的。所谓Π型钢顶梁就是用Π型钢对焊成的 2.6 m 长钢梁，Π型钢顶梁在工作面是成对布置，随着破煤，Π型钢顶梁交替前移，及时支护顶板。

2. 加强放顶线支护的稳定性

无论后排有无密集支柱，由于直接顶垮落或基本顶来压，往往因水平推力而推倒末排支柱。为此，必须使末排支柱不仅支撑力强，而且支护状态稳定。一般采用斜撑把排柱连锁起来，形成一个防护整体，必要时加打木垛，硬顶板时打双排柱或打对柱、丛柱等增加切顶力。

3. 加强工作面端头支护

一般采用四对八梁走向大抬棚加强工作面端头维护。十字梁是工作面端头的一种有效支护，选用时根据顶板条件、输送机传动装置以及人行道的要求可灵活调整。加强工作面"三度"（即支护强度、支护密度、支护刚度）管理。支护强度是指工作面单位顶板面积上的支护阻力。支护强度应以工作面最困难状态下满足支架-围岩岩体体系的平衡，不发生重大顶板事故为准则。支护密度是指控顶范围内单位面积顶板所支设的支柱数量。设计

支护密度时必须掌握工作面所用支柱的实际阻力情况，加强金属支柱抽样试验和失效检查。支护刚度是指支护物产生单位压缩量所需要的力。提高支护刚度的主要措施是：

（1）清除浮煤、浮矸，保证支柱支在实顶、实底上。

（2）顶底板松软时支柱穿鞋戴帽。柱帽规格不应过大，更不允许戴双帽、穿双鞋。

（3）严格支柱操作，坚持使用液压升柱器升柱，保持支柱有足够的初撑力。

工作面的支架架设必须做到以下几点：①架设及时、牢固，支柱在垂直煤层顶底板，并要求迎山有劲（迎山角度大小应视煤层倾角在作业规程中明确规定）。②顶梁要平、直，与顶板接触严密，空顶要接实；顶梁要铰接使用。③护顶材料必须合格，穿顶要做到严实、整齐，破碎顶板工作面要用笆片填实背实。④排、柱距要均匀，当底板松软时，支柱必须穿鞋。⑤当煤层倾角较大时，支柱必须有柱窝，硬底板必须有麻面并系防倒绳。

课题四　采空区处理

随着采煤工作面不断向前推进，顶板悬露面积越来越大，采煤工作面的顶板压力也越来越大。为对采煤工作面进行有效控制，达到安全和正常生产，就需要及时对采空区进行处理。

一、采空区处理方法

由于顶板特征、煤层厚度、支护方法和保护地表的特殊要求等不同，采空区有多种处理方法：全部垮落法、充填法、缓慢下沉法、煤柱支撑法。充填法又分全部充填法和局部充填法两种，其中全部垮落法较常用。

二、全部垮落法处理采空区

全部垮落法是当工作面从开切眼推进一定距离后，主动撤除采煤工作空间以外的支架，使直接顶自然垮落；以后随着工作面推进，每隔一定距离就按预定计划回柱放顶（图6-16）。其特点是简单可靠、费用少。全部垮落法的适用条件：直接顶易于垮落或具有中等稳定性的顶板。

这里主要介绍放顶步距及控顶距的确定、回柱和放顶方法。

1. 放顶步距和控顶距

（1）放顶：让采空区的顶板有计划地自行垮落或者强迫垮落的过程。放顶的主要目的是降低采煤工作面支护空间和煤壁附近的矿压。

（2）最大控顶距：工作面临放顶前的宽度，它等于最小控顶距与放顶步距之和。

（3）最小控顶距：采煤工作面在放顶以后和下次采煤以前的宽度。

（4）放顶步距：每次放顶的宽度。图6-16中，最小控顶距时应有3排支柱，以保证有足够的工作空间；最大控顶距时一般不宜超过5排支柱。通常推进一或两排柱放一次顶，即三四排或三五排控顶。当工作面推进一次或二次之后，工作空间达到允许的最大宽度，即最大控顶距，应及时回柱放顶，使工作空间只保留回采工作所需的最小宽度，即最小控顶距。如果不放顶，工作面继续向前推进，就会使顶板悬露过宽而顶板压力过大，占用支柱和顶梁过多。

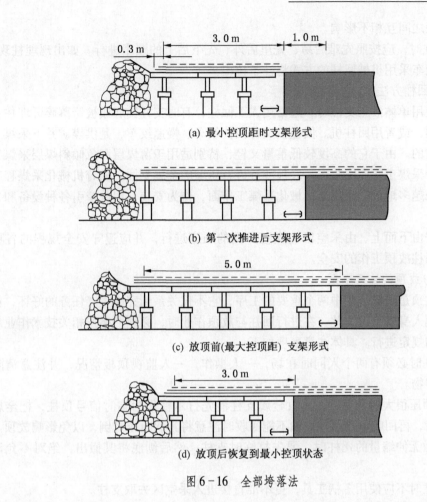

(a) 最小控顶距时支架形式

(b) 第一次推进后支架形式

(c) 放顶前(最大控顶距) 支架形式

(d) 放顶后恢复到最小控顶状态

图 6-16 全部垮落法

放顶步距应根据顶板岩石实际情况而定,放顶步距过大,工作空间的压力就会增加;放顶步距过小,顶板垮落不充分,反而增加放顶的工作量。工作面一般采用每推进一次或者两次一放顶。顶板松软,放顶步距宜小;顶板坚硬,放顶步距适当大些。

2. 回柱

采用单体支架支护的采煤工作面,随着采煤工作面的推进,需要不断地撤出后排的支柱,这就是回柱。回柱有人工回柱和机械回柱两种方式。如顶板比较稳定,支柱承载不大而且回柱时顶板不会立即垮落,可以用人工回柱方式。而对顶板松软或支柱插入底板或被矸石压埋的条件下,应采用机械回柱。

1) 人工回柱方法

(1) 分段。因为人工回柱的效率较低,所以要把工作面分成数段,分段长度应该根据顶板条件而定,一般为 15~25 m。每段由两人以上配合进行回柱。

(2) 选择分段的收口位置。为了避免回撤最后一两根支柱出现困难,选择收口位置时,应注意使收口周围采空区顶板充分垮落,矸石充填较高。保持收口处顶板完整,附近支柱排列整齐。

(3) 回柱前在分段处用支柱或挡木等围圈一定范围,以形成一个人工构筑物,主要是安全和各段之间互相不影响。

（4）回柱时，应按照先难后易、先里后外、先下后上的顺序进行。如出现埋柱现象，需利用回柱绞车采用机械回柱的方式将柱子拉出。

2）机械回柱方法

工作面使用单体液压支柱时，通常用人工回柱，有时支柱钻底或被垮落碎矸埋住，则需辅以拔柱器，或者用回柱机。回柱机又称回柱绞车、慢速绞车，是供煤矿井下采煤工作面回柱放顶用的。由于它的高度较低重量又轻，特别适用于薄煤层和急倾斜煤层采煤工作面，以及各种采煤工作面回收沉入底板或被矸石压埋的金属支柱。随着机械化采煤程度的提高，它越来越多地被广泛用于机械化采煤工作面，作为安装、回收牵引各种设备和备件之用。

回柱应按由下而上、由采空区向煤壁方向的顺序进行，并应遵守安全规程的各项规定，以保证回柱放顶工作的安全。

3. 回柱与放顶的注意事项

回柱与放顶是采煤工艺中两个重要的工序，它不仅关系到完成生产任务的好坏，更重要的是关系到人身安全。为此，在进行回柱与放顶作业时，必须严格按相关技术作业规程和操作规程的规定进行。具体注意事项如下：

（1）回柱时必须有两个人同时在场，一人操作，一人监视顶板情况，并注意清除退路的一切障碍物。

（2）在顶压很大的情况下，回收金属支柱前先打木柱作为临时信号顶柱，把金属支柱全部回收后，再回收信号顶柱。如不能回收时注意将其砍断或打倒，以免影响放顶。

（3）回撤无伸缩量的死柱时，要先打临时支柱，然后刨底将其撤出，绝对不允许用炮崩。

（4）取柱时不应使用短柄工具，更不准直接进入采空区去取支柱。

（5）对回柱后不易垮落的顶板，要采取强制放顶等措施使其垮落。

课题五　悬移支架的爆破采煤工艺及实例

一、简述

悬移支架也叫滑移支架，它主要是指支架有立柱、顶梁，没有底座，如果有底座就是液压自移支架。移架时，支架呈"滑行"或"悬起"状态。因此，滑移支架支护的爆破采煤工艺同 II 型钢采煤有许多相同或相近之处。本课题以某矿悬移支架爆破落煤为例，对采、装、运、支、处、放顶煤等工序进行介绍。

二、打眼、爆破

1. 爆破落煤及安全注意事项

（1）炮眼布置一般为五花眼，装药量要根据煤层硬度和工作面顶板状况来确定。每个炮眼的封泥长度不得小于 500 mm。

（2）采用串联方法连线，原则是正向装药，先放顶眼后放腰眼、底眼，要一炮一联一放。

（3）爆破使用发爆器，爆破工必须按操作规程进行作业，做到自联、自放、自带发爆器钥匙等。

（4）打眼与其他工种严禁平行作业，装药与打眼距离不得小于 15 m。

（5）爆破时严格执行"一炮三检制"和"三人连锁爆破制"。

（6）爆破警戒距离：煤炮为爆破点以上 20 m、以下 30 m，爆破线（双线）长度不得小于 30 m；放岩石炮时为爆破点以上 50 m、以下 70 m，爆破线（双线）长度不得小于 70 m。设双向警戒。

（7）打眼、装药、爆破过程中必须严格执行敲帮问顶制度。对伞檐、空顶距超过设计规定、顶板有隐患等，必须处理安全后方准打眼。所有人员必须在有支护的顶板下作业。

（8）井下爆破作业时，要严格执行"七不准"爆破规定。即：没有检查瓦斯不准爆破，没有排除积存瓦斯不准爆破，没有消除煤尘隐患不准爆破，没有充填炮泥和水炮泥不准爆破，没有消除电气失爆不准爆破，没有加强支护不准爆破，没有专职瓦检员和爆破工不准爆破。

2. 拒爆和瞎炮的处理

（1）拒爆时，首先将爆破母线从发爆器上摘下，然后等待 15 min 后，再沿线路检查，如因联线造成拒爆，重新联线爆破，仍不爆者按瞎炮处理。

（2）处理瞎炮、残炮的方法：由原打眼工在距原眼 0.3 m 处打一平行于原眼的炮眼，重新装药起爆，并注意查找原未爆的电雷管，禁止使用镐刨残炮、瞎炮，禁止用打眼的方法加深残炮眼。处理瞎炮时，应由班组长和爆破工负责，其他人员应撤离到 30 m 以外。

三、回采及技术规定

（1）工作面选用 BDY 型并联顶梁液压支架支护顶板，支架沿走向架设，两组支架架间宽 0.4 m。

（2）工作面支架采用齐梁齐柱式布置。开帮高度 2.0 m，最大控顶距 3.8 m，最小控顶距 2.8 m，循环进度 1.0 m，一次放顶步距 1.0 m。支架达到最大控顶距时，每组支架加打一根硬帮柱；最小控顶距时，每组支架加打一根中心加强柱（与硬帮柱为同一根支柱，打在支架上梁下）。

（3）工作面上下端头要与工作面同步管理，两巷放顶线与工作面放顶线必须保持一致。

（4）工作面上、下端头处必须分别采用六对十二根 3.8 m 长 Π 型钢梁作抬棚护顶，棚距 0.8 m，一梁四柱沿走向架设，每对 Π 型钢梁连锁交替迈步前进。每根梁下不得少于 4 根支柱；工作面上下缺口超前煤壁一刀开出，高度 2.0 m。

（5）超前出口必须超前工作面硬帮一刀处理，上出口斜长 5.0 m，下出口斜长 3.0 m，高 2.0 m。采用 DZ25 型单体液压支柱与 3.8 m Π 型钢配套支护。

（6）上下两巷超前维护 20 m，至煤壁向外 5 m 范围超前替棚，一梁四柱支护；U 型钢棚支护 5～20 m 范围在 U 型棚梁下打单排中心顶柱，T 型棚梁下打双排中心顶住，高度不低于 2.0 m。

（7）泵站出口压力达到 20 MPa，泵站距工作面末端距离不得大于 300 m。支架的工作阻力达到 1600 kN，支架初撑力达到 570～760 kN，乳化液配比为 3%～5%。

四、放煤及安全规定

1. 放煤

（1）放煤口间距以 1.0～1.2 m 为宜，放煤步距 1.0 m，大多采用一刀一放，放煤口距底板 0.2 m，放煤口规格为 0.5 m×0.5 m 或 0.6 m×0.6 m。剪网时，在软帮网剪"⊥"形放煤口；放煤时由下往上、隔口、循环往复、多轮均匀式放煤，严禁随意放煤和无节制地点式突击性放煤。放完煤后用大棍堵住放煤口并用铁线联好，防止矸石窜入工作面。

（2）工作面多组同时放煤，分段放煤距离不得小于 40 m，否则要独头作业。放煤时要根据刮板输送机的承载情况调整放煤组数，防止过载。

（3）放煤口从刮板输送机道下帮起至风道上帮止；放煤时，要停止一切与放煤无关的工作。

2. 放煤的安全规定

（1）放煤前仔细检查工作面顶板及支架情况，确保安全后方准剪网放煤。

（2）放煤工必须是经过培训的有经验专职人员。放煤时两人一组，一人放煤、另一人观察顶板及周围情况，发现问题立即停止放煤，待异常过后，维护好后方准继续放煤。

（3）放煤时，除放煤人员外其他人员撤至距放煤点以外 20 m 的安全地点。

（4）放煤捅货使用 2.0 m 长以上的专用工具，严禁近身捅货。

（5）放煤时，放煤人员要站在放煤口斜上方进行，并保证顶板支护完整，退路畅通。

（6）放煤人员放煤时，要时刻注意上方有无滚石或大块，以防伤人。放煤时若有大块将放煤口堵住，可用长把大锤或钩钎子将其捣碎，严禁爆破崩大块。

（7）放煤过程中如发现顶板来压、支架变形等异常情况时，必须立即停止放煤，撤出人员，待顶板稳定，采取措施处理好，经班、队长允许后方可继续放煤。

有下列情况之一时，软帮严禁放煤：①滑移支架顶梁上方的煤超前控顶线垮落；②滑移支架顶梁上方出现抽漏顶处；③工作面倾角大于 30°软帮严禁放煤。

五、装煤和移输送机的技术规定

1. 装煤技术规定

（1）装煤前必须严格执行敲帮问顶制度，待伞檐、抽顶、支架不牢固等隐患处理好后方准作业。

（2）遇有瞎炮时，必须及时通知爆破工，待处理后再装煤。

（3）在装煤或其他作业时，发现工作面有冒顶预兆时，应立即撤离危险区，待顶板稳定后方准进入工作面作业。

2. 移输送机的技术规定

（1）移输送机必须在软帮煤放净、硬帮浮煤清净、输送机内货拉净并且停运时进行，输送机要推平直，弯曲度不大于 3°。

（2）移输送机要在步距足够的情况下进行，移输送机时要自下而上推移，输送机弯曲长度不得小于 15 m。

（3）移输送机时，一次摘中心加强柱的距离不准超过 15 m，移过输送机能给中心加强柱处，要及时给中心加强柱。

（4）用单体液压支柱推移输送机，单体液压支柱要横向使用。移输送机时单体液压支柱一头支在软帮支柱上，一头支在输送机上，要逐渐加液多轮推移。

（5）移输送机时要按顺序推移，不得多段推移。

（6）输送机推完后，输送机机头、机尾要及时用单体液压支柱打牢，压、戗柱。

六、液压系统管理

（1）工作面内所有支柱必须精心爱护，搬运时要轻拿轻放，严禁用铁锤砸。

（2）必须保护好高压输液管路，管路要吊挂整齐，3～5 m 吊挂一处，防止崩坏。

（3）按规定使用注液枪，注液时必须先冲洗液压阀注液口，防止浮煤进入液压系统。

（4）泵站设两台乳化液泵，一台工作，另一台备用，泵站出口压力不得低于 20 MPa，确保支架支柱初撑力符合设计要求。

（5）乳化液配比浓度不得低于 3%。

七、移架及其工艺流程

1. 移架流程

翻中心柱→移输送机→给中心柱→挂网→落煤→伸前伸梁→托住顶网→给硬帮靠帮柱→攉煤→移下梁→撤靠帮柱、给中心柱→收上架前伸梁→移上梁→放煤→扫浮煤。

（1）移架前必须将软帮输送机向硬帮推移一个步距 1.0 m，并保证输送机成一直线，否则不准移架。

（2）移架顺序：从每组下端第一组开始移，依次移架，待第一组移完后，方准移上组支架，分组移架间距不小于 16 m。

（3）并联支架放顶煤工作面，最大控顶距 3.75 m，最小控顶距 2.75 m，工作面机道宽 1.8 m。

（4）每组支架由上梁和下梁两根梁组成。每组支架按先移下梁后移上梁顺序交替迈步进行。即先将支架前探梁伸出，上梁单体支柱重新注液升紧，再将下梁支柱卸载、提柱，先提后柱、后提前柱，下梁前移、下梁升柱。随后用同样方法将上梁前移，移架步距 1.0 m。工作面采高 2.0 m，严禁超高造成支架倾倒。

2. 移架安全技术措施

1）过地质构造带安全技术措施

（1）过地质构造带时，先用手镐刨出梁窝并将支架前探梁伸出护住顶板后再爆破。构造带上、下各 5 m 范围内严禁放大炮（炮眼大、装药多），做到一眼一联、一眼一放。

（2）过地质构造带出现抽漏顶时，必须用刹杆或条把子将顶板刹实、刹严、刹靠，与正常部分刹平衔接。

（3）地质构造带处如需留底煤，支柱下扎超过 0.2 m 时，该处支柱要穿木鞋，木鞋顺山穿，一鞋两柱。

（4）当过地质构造带造成支架顶梁不正时，必须及时补打戗柱防止支架倾倒，保证支架稳定。

2）过断层安全技术措施

（1）工作面过断层处要加强支护，要保证支架和中心加强柱的初撑力。

（2）过断层时，断层带及上下各 5 m 范围内禁止放大炮，必须一炮一放，严禁空顶作业。

（3）断层处如需留底煤，支柱下扎超过 0.2 m 时，此处支柱要穿木鞋，木鞋规格为 1.2 m×0.2 m×0.15 m，木鞋顺山穿，一鞋两柱。

（4）工作面过断层出现抽漏顶时，必须将顶板刹实。

3）防止周期来压和克服压力增大的措施

（1）进行顶板来压观测，摸清周期来压步距，在来压前加大支护密度，在每架梁中心的设计位置加打一根中心柱，提高工作面支架的总支撑能力。

（2）顶板压力大时，必须在软帮放顶线处每组支架上加打一根斜戗柱。

（3）当工作面硬帮出现台阶断裂时，必须及时加打戗柱增加工作面支架的稳定性和支撑力。

（4）周期来压时要加强支护，注意观察顶板的变化情况，将工作面缩成最小控顶距，减轻顶板对支架的压力。

4）破碎顶板控制措施

（1）工作面开采时，泵站压力必须保证不低于 20 MPa，保证支架初撑力达到 570 ~ 760 kN，中心加强柱初撑力不低于 90 kN，支架齐全，且支架支柱迎山角度合适（3° ~ 5°），有失效的支柱和单体柱必须及时换下。

（2）开采时所有支柱必须反复多次注液升紧，保持各支柱都均衡承载，保证支架的工作阻力达到 1600 kN；同时爆破前，所有支架支柱必须二次升压，以达到设计初撑力。

（3）工作面严禁随意留底煤，所有支柱或支架必须打在硬底上，确保其有足够的支撑强度。

八、支架管理

1. 调整支架的措施

（1）工作面保持俯伪斜开采。开采期间，发现支架不正必须进行调整，使每组支架垂直硬帮。

（2）支架顶梁前端头顶至硬帮煤壁，硬帮没有空顶、顶板完好时开始调整支架：①调整支架前，必须先将所调整的支架相邻支架支柱进行二次充分注液，达到工作阻力后，方可调整支架；②调整支架时，应使软帮侧支柱达到工作阻力后，再将硬帮侧单体支柱适当卸压，且支架顶梁不得脱离顶板，以顶梁能够移动为准；③使用手拉葫芦调整支架时，必须对固定手拉葫芦的支架进行二次充分注液，使之达到工作阻力，固定手拉葫芦的支架和所调整的支架之间严禁有人停留、作业和经过，直至支架调整完。使用的手拉葫芦必须大于或等于 2 t。

（3）调整支架按由上往下依次逐架进行调整，严禁两架或多架同时调整。

2. 支架防倒管理措施

（1）工作面采高一般严格控制在 2.0 m，以保证支架的稳定性。

（2）支架必须平行接顶，达到初撑力；同时保证工作面底板平整。

（3）当工作面局部顶板抽漏时，在支架顶梁上刹圆木并保证刹严、刹实，使支架与顶板形成受力承载状态。

（4）如发生倒架、歪架现象，可使用单体液压支柱在移架过程中借助单体的支撑力将支架扶正。

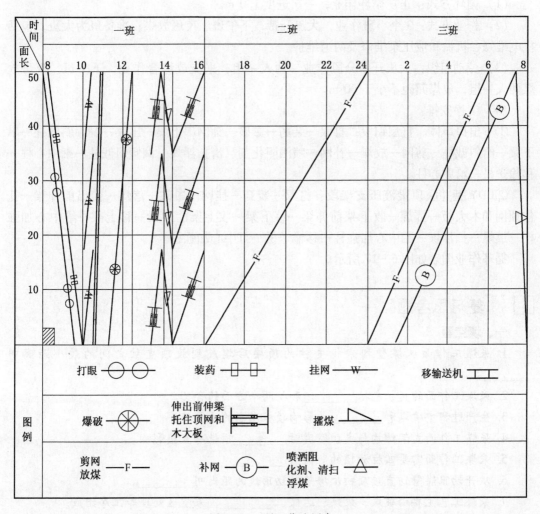

图 6-17 循环作业图表

3. 悬移支架安全操作

（1）支架的连接要齐全、紧固，各种阀类、管接头、支柱、千斤顶的密封不得有漏液、窜液和堵塞现象。

（2）移架前必须清净架间、架前的浮煤和杂物，支架管路悬挂要整齐，严禁移架时损坏管路。

（3）移架时，移架下方不得有人作业，人员全部撤至邻组架间；本架操作时，支架工应在邻架操作。

（4）移架后及时升柱，使顶梁升紧、升靠顶板，达到支架初撑力。

（5）移架后，梁端头要顶到硬帮煤壁，及时处理漏液、窜液。

（6）支架移架时，要随移架随调整，支架不准歪斜，并与输送机成一直线。

九、循环与作业方式

（1）循环方式：正规循环作业，一次进度 1.0 m。

（2）作业方式：3 个小班作业，大班开帮，下午班、夜班放煤；准备班为大班，包括机电维修、机械和液压泵维修及两道维护。

（3）劳动组织：大班开帮分段作业，两人一组，采支放综合作业，下午班、夜班放煤两人一组，放煤间距不小于 40 m。

（4）工序安排：

①下出口单体、Ⅱ型钢段：打眼—装药—爆破—铺网串上梁—出煤—翻倾斜戗柱—串下梁—给斜戗柱—剪网—放煤—补网—喷洒阻化剂、清扫浮煤—翻倾斜戗柱—翻中心柱—移输送机—给中心柱。

②BDY 型并联顶梁液压支架段：打眼—装药—挂网—爆破—落煤—伸出前伸梁—托住顶网和木大板—攉煤—收下架前伸梁—移下架—收上架前伸梁—移上架—给中心加强柱—放煤—扫浮煤—翻中心加强柱—移输送机—打中心加强柱。

循环作业图表如图 6-17 所示。

复习思考题

一、填空题

1. 采煤工作面从煤壁到末排支柱的顶梁后端或到放顶支柱之间的最小距离叫_____。

2. 采煤工作面的支护包括_____和护两个方面的含义。

3. 生产过程中破煤和_____是影响顶板动态的主要工序。

4. 采煤工作面支架结构与支护密度对_____顶板有直接影响。

5. 采煤工作面需要回柱放顶的距离叫_____。

6. 从开切眼煤壁到直接顶初次垮落时切顶线的距离叫_____。

7. 采煤工艺主要由破煤、装煤、运煤、_____、采空区处理等工序组成。

8. 用爆破方法破煤装煤、人工装煤、输送机运煤、单体支柱支护的采煤工艺叫_____。

9. 采煤循环作业图是以工作面长度为纵坐标，一般一格为 10 m；_____表示作业班次及作业时间。

10. 悬移支架_____底座。

二、判断题

1. 煤电钻打眼操作中应注意四要：要平、要稳、要狠、要准。　　　　　（　　）

2. 推移可弯曲刮板输送机，可以在生产班不停产进行推移。　　　　　（　　）

3. 炮采工作面的装煤工序只有人力装煤一种方法。 （   ）

4. 破煤就是将煤炭从工作面煤壁上采落下来的采煤工艺。 （   ）

5. 所谓"支"就是要求支柱有一定的抗压能力。 （   ）

6. 炮采的缺点是：不够安全、顶板事故多、产量及效率低、工人劳动强度大。

（   ）

7. 煤电钻有两大特点：一是重量轻，二是可以远方操作。 （   ）

8. 工作面顶板控制方法有全部垮落法、充填法、缓慢上沉法等。 （   ）

9. 采煤工作面的"三道"是指刮板输送机道、人行道、材料道。 （   ）

10. 采煤工作面的特种支架只有密集支柱、丛柱、木垛三种。 （   ）

三、问答题

1. 简述炮眼布置类型及其适应条件。

2. 炮眼布置的角度应该满足哪些要求？

3. 单人打眼如何抱钻和定眼位？

4. 扎孔装配引药如何进行？

5. 在爆破落煤中怎样做到"七不"？

6. 简述输送机的移置方法。

7. 简述齐梁直线柱布置的特点。

8. 简述迎三角的作用和具体操作。

9. 为什么要处理采空区？

10. 简述悬移支架的爆破采煤工艺。

四、计算题

1. 某采煤工作面采高为 2 m，煤层上覆岩层的岩石平均容重为 2.6 t/m³，基本顶来压较明显，求其支护强度。

2. 某工作面采用单体液压支柱支护顶板，支护强度为 50 kPa，支柱的额定工作阻力为 120 kN/根，求其支护密度。

3. 某木支柱长度为 2.25 m，求该木柱多大直径符合支护要求？[参考公式解题：$d = (1.1 \sim 1.25)\sqrt{L}$]

4. 某采煤工作面月工作日数为 30 天，每天计划循环数为 3，月实际正规循环数为 80，求正规循环率。（参考公式解题：$z = \dfrac{s}{np} \times 100\%$；其中 z—正规循环率；s—月正规循环数；n—月工作天数；p—每天计划循环数）

项目七　普通机械化采煤工艺

【学习目标】

1. 掌握普采工作面的布置。

2. 熟练掌握滚筒采煤机的进刀、割煤、支护等工序。

3. 了解刨煤机的使用情况。

普通机械化采煤（简称普采）工作面一般采用单滚筒采煤机（少数条件下用双滚筒采煤机或刨煤机）落煤和装煤，可弯曲大型刮板输送机运煤，单体液压支柱铰接顶梁（或Π型长钢梁对棚、悬移液压支架等）支护，液压推移器移输送机，如图7-1所示。

普采工作面上、下区段平巷断面不大，刮板输送机的机头、机尾通常都设在工作面内，故工作面上、下两端需要用人工打眼爆破开切口（又称机窝），上切口长6~10 m，下切口长3~4 m。

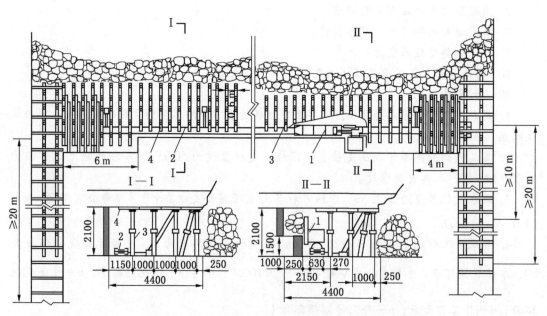

1—采煤机；2—可弯曲刮板输送机；3—单体液压支柱；4—铰接顶梁

图7-1　普通机械化采煤工作面布置

课题一　普采工作面滚筒采煤机的工作方式

滚筒采煤机是一种铣削式浅截深采煤机，由截割部分、牵引部分和动力部分组成。截割部分包括工作机构和减速器，牵引部分包括行走机构（链轮、牵引链及其拉紧装置）

和液压传动装置，动力部分包括电动机和电气控制箱。另外还有辅助装置，如底托架、电缆架、喷雾装置和信号照明等设备。

一、滚筒的位置和旋转方向

普采工作面单滚筒采煤机的滚筒一般位于机体靠近输送机平巷一端，这样可缩短工作面下切口的长度，使煤流尽量不通过机体下方，有利于工作面技术管理。

滚筒的旋转方向对采煤机运行中的稳定性、装煤效果、煤尘产生量及安全生产影响很大。单滚筒采煤机的滚筒旋转方向与工作面方向有关。当面向回风平巷站在工作面时，若煤壁在右手方向，则为右工作面；反之为左工作面。右工作面的单滚筒采煤机应安装左螺旋滚筒，割煤时滚筒逆时针旋转；左工作面的单滚筒采煤机安装右螺旋滚筒，割煤时滚筒顺时针旋转，如图7-2所示。这样的滚筒旋转方向，有利于采煤机稳定运行。当采煤机上行割顶煤时，其滚筒截齿自上而下运行，煤体对截齿的反力是向上的，但因滚筒的上方是顶板，无自由面，故煤体反力不会引起机器震动。当采煤机下行割底煤时，煤体对截齿的反力向下，也不会引起震动，并且下行时负荷小，也不容易产生"啃底"现象。这样的转向还有利于装煤，产生煤尘少，煤块不抛向司机位置。

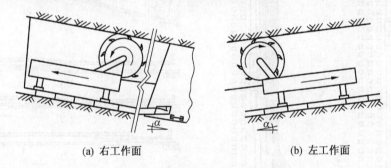

(a) 右工作面   (b) 左工作面

图7-2 滚筒的位置与旋转方向

二、采煤机的割煤方式

普采工作面的生产是以采煤机为中心的。采煤机割煤以及与其他工序的合理配合称为采煤机的割煤方式。

1. 双向割煤、往返一刀

如图7-3所示，采煤机沿工作面倾斜由下而上割顶煤，随机挂梁（Π型梁迈步前伸或伸悬移支架前探梁），到工作面一端后，采煤机翻转弧形挡煤板，下放滚筒由上而下割底煤，清理浮煤，机后10~15 m推移输送机，支柱（或收回前探梁前移悬移支架），直至下部切口。采煤机往返一次，煤壁推进一个截深，挂一排顶梁（或Π型梁迈一次步），打一排支柱（或悬移支架前移一次）。

这种方式适应性强，在煤层粘顶、厚度变化较大的工作面均可采用，无须人工清理浮煤。但割顶煤时无立柱控顶（即只挂上顶梁或Π型梁迈步前移而无立柱支撑）时间长，不利于控顶；实行分段作业时工人的工作量不均衡，工时不能充分利用。

2. "∞"字形割煤、往返一刀

　　如图7-4所示，将工作面分为两段，中部斜切进刀，采煤机在上半段割煤时，下半段推移输送机；采煤机在下半段割煤时，上半段推移输送机（也称半工作面采煤方式）。其特点是在工作面中部输送机设弯曲段，其过程为：在图7-4b状态采煤机从工作面中部向上牵引，滚筒逐步升高，其割煤轨迹为A—B—C；在图7-4c状态采煤机割至上平巷后，滚筒割煤轨迹改为C—D—E—A，同时全工作面输送机移直；在图7-4d状态滚筒割煤轨迹为A—E—B—F，工作面上端开始移输送机；在图7-4e状态滚筒割煤轨迹为F—G—A，全工作面煤壁割直，而输送机机槽在工作面中部出现弯曲段，回复到图7-4b状态。

　　这种割煤方式可以克服工作面一端无立柱控顶时间过长、工人的工作量不均衡等缺点，并且割煤过程中采煤机自行进刀，无须另外安排进刀时间，在中厚煤层单滚筒采煤机普采工作面中常采用。

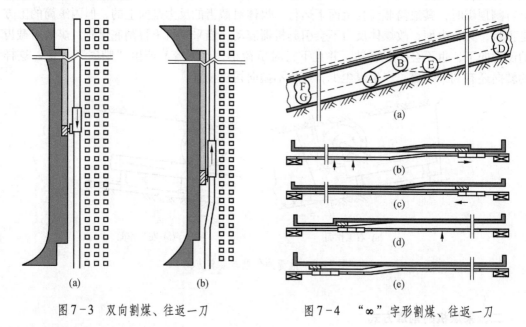

图7-3　双向割煤、往返一刀　　　　图7-4　"∞"字形割煤、往返一刀

　　3. 单向割煤、往返一刀

　　如图7-5所示，采煤机自工作面下（或上）切口向上（或下）沿底割煤，随机清理顶煤、挂梁（∏型梁迈步前伸或伸悬移支架前探梁），必要时可打临时支柱。采煤机割至上（或下）切口后，翻转弧形挡煤板，快速下（或上）行装煤及清理机道丢失的底煤，并随机推移输送机、支设单体支柱（或收回前探梁前移悬移支架），直至工作面下（或上）切口。

　　这种割煤方式适用于采高1.5 m以下的较薄煤层、滚筒直径接近采高、顶板较稳定、煤层粘顶性强、割煤后顶煤不能及时垮落等条件。

　　4. 双向割煤、往返两刀

　　如图7-6所示，双向割煤、往返两刀割煤方式又称穿梭割煤。首先采煤机自下切口沿底上行割煤，随机挂梁（∏型梁迈步前伸或伸悬移支架前探梁）和推移输送机，同时铲装浮煤、支柱（或收回前探梁前移悬移支架），待采煤机割至上切口后，翻转弧形挡煤板，下行重复同样工艺过程。当煤层厚度大于滚筒直径时，挂梁（Ⅱ型梁迈步前伸或伸悬移支架前探梁）前要处理顶煤。

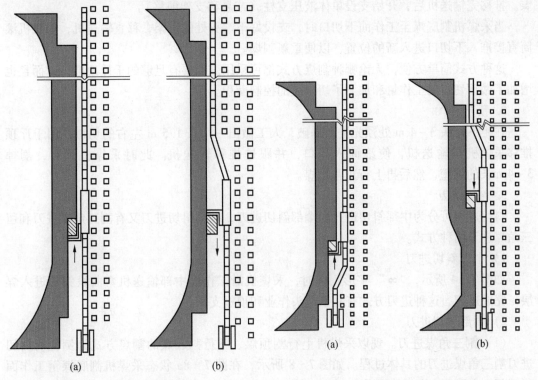

图7-5 单向割煤、往返一刀　　　　　图7-6 双向割煤、往返两刀

该方式主要适用于煤层较薄且煤层厚度和滚筒直径相近的普采工作面。

三、单滚筒采煤机的进刀方式

滚筒采煤机每割一刀煤之前，必须使其滚筒进入煤体，这一过程称为进刀。滚筒采煤机以输送机机槽为轨道，沿工作面运行割煤，其自身无进刀能力，只有与推移输送机工序相结合才能进刀。因此，进刀方式的实质是采煤机运行与推移输送机的配合关系。

1. 直接推入法进刀

如图7-7所示，采煤机向上运行时升起摇臂，滚筒沿顶板割煤，并利用滚筒螺旋及弧形挡煤板装煤。工人随机挂梁（Ⅱ型梁迈步前伸或伸悬移支架前探梁），托住刚暴露的顶板。

采煤机运行至工作面上切口后，翻转弧形挡煤板，将摇臂降下，开始自上而下

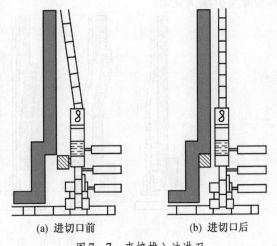

(a) 进切口前　　　　(b) 进切口后

图7-7 直接推入法进刀

运行，滚筒割底煤并装余煤。采煤机下行时负荷较小，牵引速度较快。滞后采煤机 10 ~ 15 m，依次开动千斤顶推移输送机，与此同时，输送机机槽上的铲煤板清理机道上的浮煤。推移完输送机后，开始支设单体液压支柱（或悬移支架前移）。

当采煤机割底煤至工作面下切口时，支设好下端头处的支架，移直输送机，采煤机滚筒直接推入下切口进入新的位置，以便重新割煤。

这种方式简单方便，无论哪种割煤方式都可采用。但要有足够的千斤顶推力，而且也增加了做下切口的工作量和加大了切口处的控制面积。

2. 预开切口

在距下端头 3 ~ 4 m 处预先进行爆破，人工做出一个长 1.5 m 左右的切口，用千斤顶推移采煤机与输送机，使滚筒入切口，并跟进推移输送机。此时采煤机下行，割掉 3 ~ 4 m长的煤壁，然后再上行正常割煤。

3. 斜切进刀

斜切进刀可分为中部斜切进刀和端部斜切进刀，端部斜切进刀又有割三角煤进刀和留三角煤进刀两种方式。

1）中部斜切进刀

如图 7-4 所示，"∞"字形割煤时，采煤机沿工作面中部输送机弯曲段斜切进入煤层，完成进刀，这种进刀方式有利于端头作业和顶板支护。

2）端部斜切进刀

（1）割三角煤进刀。现以采煤机上行割顶煤、下行割底煤的割煤方式为例说明斜切进刀割三角煤进刀的具体过程。如图 7-8 所示，在图 7-8a 状态采煤机割底煤至工作面下端部；由图 7-8b 状态采煤机反向沿输送机弯曲段运行，直至完全进入输送机直线段，当其滚筒沿顶板斜切进入煤壁达到规定截深时便停止运行；从图 7-8c 状态推移输送机机头及弯曲段，使其成一直线；至图 7-8d 状态采煤机返向沿顶板割三角煤直至工作面下端部；到图 7-8e 状态采煤机进刀完毕，上行正式割煤，开始时滚筒沿底板割煤，割至斜切终点位置时，改为滚筒沿顶板割煤。这种进刀方式有利于工作面端头管理，输送机成一条直线，但比较费时，采煤机要在工作面端部 20 ~ 25 m 行程内往返一次，并要等待移机头和重新支护端头支架。

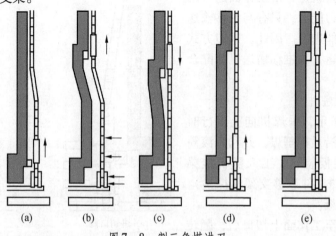

图 7-8 割三角煤进刀

（2）留三角煤进刀。留三角煤进刀的过程如图7-9所示。在图7-9a状态采煤机割煤至工作面下端头后，反向上行沿输送机弯曲段割三角底煤（上刀留下的），割至输送机直线段时改为割顶煤直至工作面上切口；到图7-9b状态推移机头和弯曲段，将输送机移直，在工作面下端部留下三角煤；至图7-9c状态采煤机下行割底煤至三角煤处改为割顶煤直至工作面下端部；再到图7-9d状态随机自上而下推移输送机至工作面下端部三角煤处，完成进刀全过程。这种进刀方式与割三角煤方式相比，采煤机无须在工作面端部往返斜切，进刀过程简单，移机头和端头支护与进刀互不干扰。但由于工作面端部煤壁不直，不易保障工程质量。

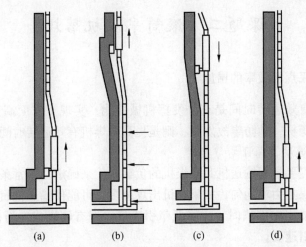

(a)   (b)   (c)   (d)

图7-9 留三角煤进刀

四、常见普采工作面的设备配套

1. 基本支架

工作面基本支架选用DZ20型液压支柱配合HDJA-1200型铰接顶梁架棚支护。其主要技术参数如下：

支撑高度	1.3~1.9 m
支护强度	36.925 t/m²
初撑力	不低于90 MPa

2. 工作面刮板输送机

可选用SGZ-630/220型刮板输送机。其主要技术参数如下：

运输能力	400~500 t/h
链速	1.04 m/s
电动机功率	2×110 kW
圆环链规格	$\phi26×92-C$

3. 采煤机

选用MG160-375型电牵引采煤机（1部）。其主要技术参数如下：

截深	0.63~0.80 m
牵引速度	0~5.5 m/s
采高	1.2~2.6 m

最大牵引力	450 kN
生产能力	640 t/h
滚筒直径	1.25 m
电动机功率	375 kW
电动机型号	YBC-200
牵引方式	液压、双牵引、无链
防尘方式	内外喷雾

除上述设备外，普采工作面还有转载机、泵站等。

课题二　滚筒采煤机落煤

一、提高滚筒采煤机效率的措施

提高采煤机的有效运转时间是充分发挥机械效能，实现工作面高产、稳产的主要途径。而合理操作采煤机，预防事故发生，则是提高采煤机有效运转时间的重要措施。

1. 掌握好牵引速度，保证均匀出煤

牵引速度的快慢要根据输送机和采煤机的负载变化来确定。正常条件下，采煤机应尽可能匀速运行，出煤量力求均匀，如采煤机出煤过多，可能使输送机超负荷。当输送机中部槽上堆煤过多而滑出中部槽时，应降低牵引速度。遇有硬煤或夹石使采煤机负荷增大时，应及时降低牵引速度。

2. 防止采煤机"漂刀""啃底"

输送机铺设不平或推移时发生歪斜，是引起采煤机"漂刀""啃底"的主要原因。因此，在割煤前司机应该进行检查并处理。为防止这种现象发生，也可采取以下措施：

（1）使用铰接导向。将采煤机原固定式导向板改成两端能沿销轴上下摆动的铰接式导向板，以适应输送机的波浪起伏。

（2）增设螺杆调高装置。在采煤机机体下增设 4 个调高装置，调高装置由 2 个方牙短螺杆和导向槽架组成，在螺杆的端部四周有孔。调高装置的上部与采煤机的底托架连接，下部固定在滑板上。使用时，将手把插入孔中，转动螺杆即可调整采煤机一侧的高度，从而保证采煤机平稳运行。

3. 防止采煤机掉道

如果工作面不直，或输送机过弯，由于牵引钢丝绳或锚链的张力而将采煤机拉掉道；被上方运下的大块煤、矸石或木料、钢柱顶落；滚筒端盘截齿安装角度过小或截齿损失、磨损严重，形成截割阻力过大，使采煤机脱出；割硬煤或夹石时，因机体震动过大而脱出；中部槽太靠近煤壁，以致摇臂挤煤壁；机体重心偏离或截深过大等。因此，在开车前司机应仔细检查上述掉道的各种情况，及时处理。在操作过程中，要密切注意采煤机运转情况，以防掉道。

4. 选择合理截深

滚筒采煤机的截深是决定工作面回采工艺的重要参数，常见的截深为 0.5 m、0.6 m、0.8 m、1.0 m。选择截深时应主要考虑顶板条件和支架形式，采煤机和输送机的能力，有利于组织循环作业，地质构造和煤的硬度。在采用金属支柱和铰接顶梁时，选择采煤机截深首先要考虑顶板悬露面积和悬露时间的长短；同时，截深还必须与顶梁长度和支架密度相配合，应满足能有效地控制顶板、支护工作量小、便于生产管理等要求。

选择大截深时，应配备与截深相同长度的顶梁，采取齐梁直线柱的支架布置方式，支架密度为 $1.3 \sim 1.7$ 根/m² （柱距约为 0.75 m）。这样，支架布置方式简单，工程质量好掌握，行人、运料、回柱均方便；在分层开采时，放顶线是齐梁直线柱，也有利于在下分层保护假顶。而且由于截深与顶梁长度一致，简化了工作面循环工序的组织，有利于生产管理。但是，大截深往往不利于顶板控制，增加了进刀工作量，也增加了采煤机的负载。因此，大截深一般适用于顶板完整、工作面压力不大、地质构造较简单、地质较松软的煤层。

对于顶板破碎、压力较大的工作面，则多选用 0.6 m 或 0.5 m 的截深，并相应采用顶梁长 1.2 m 或 1.0 m 的错梁支护方式。虽然支护布置比较复杂，但可以有效控制顶板。

二、滚筒采煤机采煤时应遵守的规定

（1）采煤机必须装有能停止工作面刮板输送机运行的闭锁装置。采煤机因故暂停时，必须打开隔离开关和离合器。采煤机停止工作或检修时，必须切断电源，并打开其磁力启动器的隔离开关。启动采煤机前，必须先巡视采煤机四周，确认对人员无危险后，方可接通电源。

（2）工作面遇有坚硬夹矸或黄铁矿结核时，应采取松动爆破措施处理，严禁用采煤机强行截割。

（3）工作面倾角在 15° 以上时，必须有可靠的防滑装置。

（4）采煤机必须安装内、外喷雾装置。截煤时必须喷雾降尘，内喷雾压力不得小于 2 MPa，外喷雾压力不得小于 1.5 MPa，喷雾流量应与机型相匹配。如果内喷雾装置不能正常喷雾，外喷雾压力不得小于 4 MPa。无水或喷雾装置损坏时必须停机。

（5）采用动力载波控制的采煤机，当 2 台采煤机由 1 台变压器供电时，应分别使用不同的载波频率，并保证所有的动力载波互不干扰。

（6）采煤机上的控制按钮必须设在靠采空区一侧，并加保护罩。

（7）使用有链牵引采煤机时，在开机和改变牵引方向前必须发出信号，只有在收到反向信号后才能开机或改变牵引方向，防止牵引链跳动或断链伤人。必须经常检查牵引链及其两端的固定连接件，发现问题及时处理。采煤机运行时，所有人员必须避开牵引链。

（8）更换截齿和滚筒上下 3 m 以内有人工作时，必须护帮护顶，切断电源，打开采煤机隔离开关和离合器，并对工作面输送机施行闭锁。

（9）采煤机用刮板输送机作轨道时，必须经常检查刮板输送机的中部槽连接、挡煤板导向管的连接，防止采煤机牵引链因过载而断链；采煤机为无链牵引时，齿（销、链）轨的安设必须紧固、完整，并经常检查。必须按规定和设备技术性能要求操作、推进刮板输送机。

课题三　薄煤层普采工艺

采高小于 1.3 m 的煤层，在我国可采储量所占比重为 18.40%，其产量比重只占 7.32%。随着煤炭资源减少，薄煤层开采越来越受到重视。

一、薄煤层机采

1. 薄煤层采煤机采煤

薄煤层采煤机的机身矮，机身短，以适应煤层的波状起伏。薄煤层采煤机功率大，通常功率不应低于 100~200 kW。其特点有：工作面不用人工开切口进刀；有较强的破岩过地质构造能力；结构简单可靠，便于维护和安装。图 7-10 所示为 BM-100 型薄煤层采煤机。薄煤层采煤机的滚筒转向是正对滚筒的，即左滚筒用右螺旋叶片、顺时针旋转，右滚筒则相反，这样可以防止摇臂挡煤，以提高装煤效果。爬底板式采煤机前滚筒割底煤，以便于机身通过；后滚筒割顶煤，因煤量少，可用输送机铲煤板装煤。

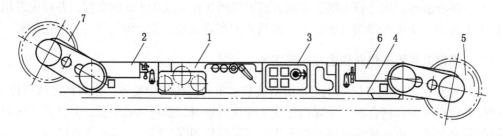

1—牵引部；2、6—左右截割部；3—电动机；4—底托架；5、7—左右滚筒

图 7-10　BM-100 型薄煤层采煤机

2. 薄煤层工作面矿压特点

薄煤层工作面矿压显现相对缓和，故支架工作阻力和初撑力相对较低；支架在最低状态时，必须保证顶梁下面有高 400 mm、宽 600 mm 的人行道；支架调高范围大，伸缩比要达到 2.5~3.0；顶梁和底座的厚度小，但应有足够强度，且底座一般为分体式结构，便于排矸，为减小控顶距，一般为滞后支护式；通常为单向或双向邻架控制，以保证安全和减小劳动强度。薄煤层机采面一般使用轻型、边双链、矮机身可弯曲刮板输送机。

二、刨煤机采煤

刨煤机采煤是利用带刨刀的煤刨沿工作面往复落煤和装煤，煤刨靠工作面输送机导向。刨煤机结构简单可靠，便于维修；截深小（一般为 5~10 cm），只刨落煤壁压酥区表层，故刨落单位煤量能耗少；刨落煤的块度大，煤粉及煤尘量少，劳动条件好；司机不必跟机作业，可在平巷内操作，移架和移输送机工人的工作位置相对固定，劳动强度小。因此，对于开采薄煤层刨煤机是有效的落煤和装煤机械。

1. 刨煤机的工作原理

刨煤机由设在输送机两端的刨头驱动装置（电动机、液力偶合器和减速器组成），使两端固定在刨头上的刨链运行，拖动刨头在工作面往返移动。刨头利用刨刀从煤壁落煤，同时利用犁面把刨落的煤装进输送机。推移液压缸向煤壁推移输送机和刨头，具有落煤、装煤和运煤功能。

刨煤机由刨煤部、输送部、液压推进系统、喷雾降尘系统、电气系统和附属装置等组成。刨煤机是以刨头为工作机构，采用刨削方式破煤的采煤机械，其截深较浅（50~

100 mm），牵引速度大（一般为 1.5~2.0 m/s）。

2. 刨煤机类型

刨煤机类型很多，目前国内外使用的主要是静力刨，即刨刀靠锚链拉力对煤体施以静压力破煤。静力刨按其结构特点主要分为三类。

1）拖钩刨

如图 7-11a 所示，煤刨 1 与掌板 3 连在一起，以保持刨煤时的稳定性；掌板压在输送机机槽下方，由牵引链 2 带动往复运行落煤和装煤。煤刨通过后，靠千斤顶 4 将输送机推进一个刨深。拖钩刨的刨体宽度大于刨深，因而煤刨经过处输送机机槽被推向采空侧一个宽度，煤刨过后机槽在千斤顶的作用下又重新移向煤壁。另外，煤刨经过处机槽被掌板抬起，煤刨过后又落下。

拖钩刨的特点是：结构较简单，刨头运行稳定性好，掌板是板状构件，刨头的结构高度较低，适用于较薄煤层。刨头运行时，掌板迫使输送机中部槽上下游动，又因刨体宽度远大于刨刀的刨削深度，输送机又可弯曲，刨头运行时也使输送机中部槽侧向游动。输送机中部槽上下游动和侧向游动加剧了摩擦和磨损，容易引起刨煤机下滑，煤壁不易保持平直，可能挤坏电缆和附设在中部槽上的部件。拖钩刨只有 20%~30% 的装机功率用于刨煤和装煤，其余大部分功率消耗在摩擦上。

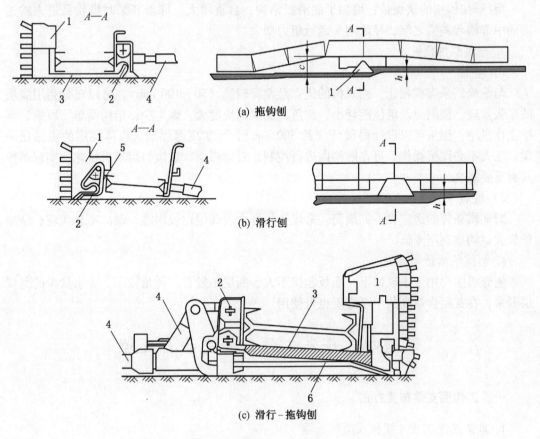

(a) 拖钩刨

(b) 滑行刨

(c) 滑行-拖钩刨

1—煤刨；2—牵引链；3—掌板；4—千斤顶；5—滑架；6—滑板

图 7-11　静力刨类型

2）滑行刨

如图 7－11b 所示，滑行刨是目前使用最多的刨煤机。与拖钩刨相比，滑行刨运行时的摩擦阻力小，刨深易于控制，对软及破碎的工作面底板适应能力较强；但刨链位于煤壁侧滑架的链槽内（前牵引方式），维修不太方便，而且在结构上增加了安装在输送部煤壁侧的滑架，使控顶距离和刨头的最低高度有所增加，影响在极薄煤层中的应用。

3）滑行-拖钩刨

如图 7－11c 所示，滑行-拖钩刨保留了掌板，掌板下加设斜撬，靠调高千斤顶调节刨头高低。滑行-拖钩刨兼有拖钩刨和滑行刨两者的优点。

（1）刨头掌板在斜撬上滑行，运行时摩擦阻力较小，对软及破碎的工作面底板适应能力较强。

（2）滑行-拖钩刨由于在结构上增加了斜撬，使刨深能像滑行刨一样由安装在刨头左右两端不同宽度的底刀来调整，易于控制。

（3）刨头运行时的稳定性好。

（4）刨头结构高度较低，适用于较薄煤层开采。

（5）刨链处于采空侧导链架的链槽内（后牵引方式），维修方便。

滑行-拖钩刨的缺点是：增加了底滑板结构，自重增大，仰斜开采时煤粉易进入输送部的中部槽和斜撬之间，导致刨头运行阻力增大。

3. 刨煤机的优缺点

1）优点

与滚筒式采煤机相比，刨煤机的优点是截深较浅（50～100 mm），可以充分利用煤层的压张效应，刨削力及单位能耗小；刨落下的煤的块度大，煤尘少；结构简单、可靠，维护工作量小；刨头可以设计得很低（约 300 mm），可实现薄煤层、极薄煤层的机械化采煤；工人不必跟机操作，可在顺槽内进行控制，对薄煤层、急倾斜煤层机械化和实现遥控具有重要意义。

2）缺点

对地质条件的适应性不如滚筒式采煤机，开采硬煤层比较困难；调高不易实现；摩擦损失大，功率利用率低。

4. 刨煤机的使用条件

刨煤机主要用于中硬以下，底板起伏不大、断层不发育、倾角较小、含水量少的薄煤层开采，在瓦斯含量高的中厚煤层也可使用。

课题四　普采工作面的支护与处理

一、工作面支架布置方式

1. 单体液压支柱与铰接顶梁

普通机械化采煤工作面一般采用单体液压支柱与铰接顶梁组成的悬臂支架，可以采用单体液压支柱和Π型长钢梁组成的迈步抬棚支架。按悬臂顶梁与支柱的关系，可分为正悬臂与倒悬臂两种，如图 7 - 12 所示。

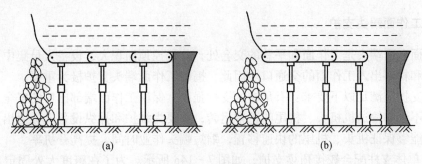

图 7 - 12　正悬臂与倒悬臂

2. 悬移液压支架

悬移液压支架是爆破采煤和普通机械化采煤的支护方式，其顶梁和单体液压支柱连接在一起。顶梁由贯穿工作面全长的方形梁承托，随着工作面的落煤，液压支柱回缩柱根提起，顶梁和液压支柱一起向前移动工作面一次进度的距离后，液压支柱伸长柱根落向底板支撑顶梁。悬移液压支架按照顶梁的宽窄分有分体顶梁液压支架、整体顶梁液压支架、复合顶梁液压支架 3 种类型（图 7 - 13）。

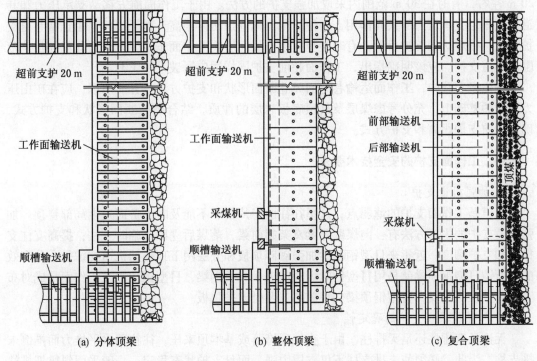

图 7 - 13　悬移液压支架与输送机配合

按照刮板输送机的位置和数量分又有前部单输送机液压支架、中部单输送机液压支架和前部中部双输送机液压支架 3 种类型。前部单输送机液压支架适用于单一薄及中厚煤层的开采，中部单输送机液压支架和前部中部双输送机液压支架适用于厚煤层放顶煤开采。

二、工作面端头支护

工作面上下端头是工作面和平巷的交会处，此处控顶面积大，设备人员集中，又是人员、设备和材料出入工作面的交通口。因此，搞好工作面端头支护极为重要。

端头支护应满足以下要求：有足够的支护强度，保证工作面端部出口的安全；支架跨度要大，不影响输送机机头、机尾的正常运转，并要为维护和操纵设备人员留出足够的活动空间；能够保证机头、机尾的快速移置，缩短端头作业时间，提高开机率。

（1）单体支柱配合铰接顶梁支护，如图 7－14a 所示。为了在跨度大处固定顶梁铰接点，可采用双钩双楔梁，或将普通铰接顶梁反用，使楔钩朝上。

（2）用 4～5 对长梁加单体液压支柱组成的迈步走向抬棚支护，如图 7－14b 所示。

（3）用基本支架加走向迈步抬棚支护，如图 7－14c 所示。除机头、机尾处支护外，在工作面端部原平巷内可用顺向托梁加单体支柱或"十"字铰接顶梁加单体液压支柱支护。

三、超前支护

如图 7－15 所示，所谓工作面的超前支护，是指工作面运输巷和回风巷靠近工作面的 20 m 左右，有时在 30 m 范围内采取加强支护的方法。由于工作面前方移动支承压力和巷道两侧固定支承压力的共同作用，而使该范围内巷道压力很高，如果仍然采用正常巷道支护方式，很难达到支护目的，有时甚至发生事故而影响工作面正常生产，为此应加强该范围内巷道支护。应该明确指出，工作面超前支护同样适应爆破采煤工艺。

在生产实践中，工作面运输巷与回风巷断面形状和支护方法各异。所以，应在矿山压力观测的基础上，充分考虑煤层及其顶底板岩层的性质，结合顺槽断面形状和支护方式，确定超前支护距离和支护方式。

四、工作面支护的安全技术要求

1. 加强机道支护

机道是工作面支护的薄弱点，这里往往由于片帮和不能及时支护而发生局部冒顶。加强机道支护的主要方法有：向煤壁开梁窝架超前梁，落煤后立即打临时支柱；提高支柱支撑力和支护刚度。近年来Π型钢顶梁加强破碎顶板和分层网下顶板的机道支护是十分有效的，所谓Π型钢顶梁就是用Π型钢对焊成的 2.6 m 长钢梁，Π型钢顶梁在工作面是成对布置，随采煤机割煤，Π型钢顶梁交替前移，及时支护顶板。

2. 加强放顶线支护的稳定性

无论是有排柱还是无排柱，由于直接顶垮落或基本顶来压，往往因水平推力而推倒末排支柱。为此，必须使末排支柱不仅支撑力强，而且支护状态稳定。一般采用斜撑把排柱连锁起来，形成一个防护整体，必要时加打木垛，硬顶板时打双排柱或打对柱、丛柱等增加切顶力。

3. 加强工作面端头维护

其支护形式一般采用四对八梁走向大抬棚。十字梁是工作面端头的一种有效支护，选

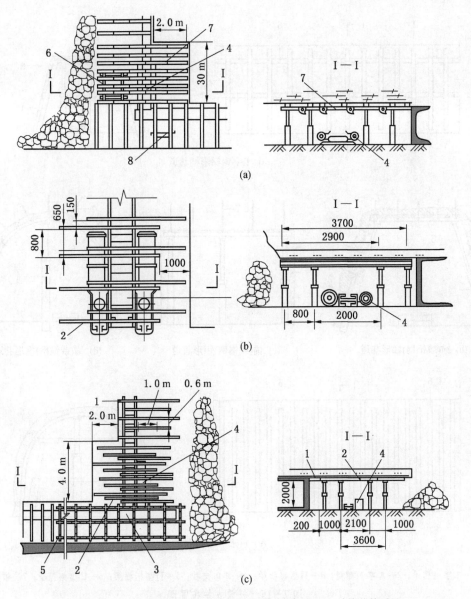

1—基本架；2—抬棚长梁；3—转载机；4—输送机机头；5—十字铰接顶梁；
6—木垛；7—双钩双楔梁；8—绞车

图7-14 工作面端头支护

用时根据顶板条件、输送机传动装置以及人行道的要求可灵活调整。

4. 加强工作面"三度"管理

支护强度是指工作面单位面积顶板上的支护阻力。支护强度应以工作面最困难状态下满足支架-围岩岩体体系的平衡，不发生重大顶板事故为准则。支护密度是指控顶范围内单位面积顶板所支设的支柱数量。设计支柱密度时必须掌握工作面所用支柱的实际阻力情况，加强金属支柱抽样试验和失效检查。支护刚度是指支护物产生单位压缩量所需要的力。提高支护刚度的主要措施有：①清除浮煤浮矸，保证支柱支在实顶实底上；②顶底板

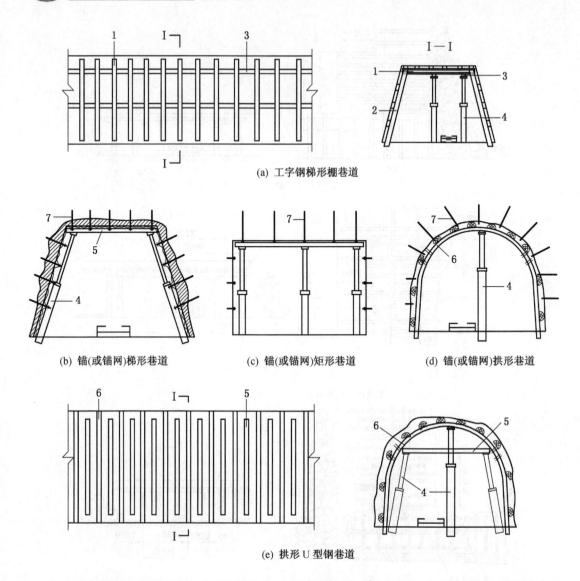

(a) 工字钢梯形棚巷道

(b) 锚(或锚网)梯形巷道　　　(c) 锚(或锚网)矩形巷道　　　(d) 锚(或锚网)拱形巷道

(e) 拱形 U 型钢巷道

1—工字钢棚梁；2—工字钢棚腿；3—∏型钢长梁；4—单体支柱；5—∏型钢棚梁；6—U 型钢棚子；7—锚杆

图 7-15　超前支护布置图

松软时支柱穿鞋戴帽，柱帽规格不应过大，更不允许带双帽、穿双鞋；③严格支柱操作，坚持使用液压升柱器升柱，保持支柱有足够的初撑力。

📖 复习思考题

一、填空题

1. 普通机械化采煤工作面一般采用单滚筒采煤机_____和_____，可弯曲大型刮板输送机_____，单体液压支柱铰接顶梁_____，液压推移器_____。

2. 滚筒采煤机是一种铣削式浅截深采煤机，由_____、_____和_____组成。

3. 斜切进刀可分_____斜切进刀、_____斜切进刀。

4. 按悬臂顶梁与支柱的关系，可分为_____与_____两种。

二、判断题

1. 直接推入法进刀，这种方式简单方便，无论哪种割煤方式都可采用。 （ ）

2. 提高采煤机的有效运转时间，是充分发挥机械效能，实现工作面高产、稳产的唯一途径。 （ ）

3. 牵引速度的快慢要根据输送机和采煤机的负载变化来确定。 （ ）

三、简答题

1. 什么是普采工艺系统？都包括哪些工序？

2. 简述单滚筒采煤机的割煤方式。

3. 简述单滚筒采煤机的进刀方式。

4. 如何对进刀方式进行选择？

5. 如何对割煤方式进行选择？

6. 普采工作面的支护有哪些特点？

7. 普采工作面的装煤、运煤方法有哪些？

项目八 综合机械化采煤工艺

【项目目标】

1. 了解综采设备及综采工作面的生产组织管理。
2. 掌握综采的生产工序，液压支架的使用，特殊条件下的综采工艺。

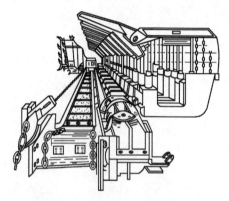

图 8-1 综合机械化采煤设备

综合机械化采煤工艺简称"综采工艺"，即破煤、装煤、运煤、支护、处理采空区等几个主要生产工序全部实现机械化。综合机械化采煤设备如图 8-1 所示。

综合机械化采煤工艺的主要工序包括采煤机割煤、输送机运煤和液压自移支架支护顶板。综采工艺就是如何协调采煤机、输送机和液压支架三者之间的关系。图 8-2 所示为综采工作面主要设备布置。

综合机械化采煤可实现回采工作面集中化，减少辅助人员和设备，大大减轻工人的体力劳动；可减少和避免冒顶事故，有利于安全生产；工作面产量和劳动生产率均有大幅度提高，材料消耗和生产成本大大降低。

课题一 采煤机、输送机选型及生产能力

一、采煤机的选型与生产能力

1. 采煤机的选型原则

对于往复式（非连续性）采煤方式的综采工作面，都首选双滚筒采煤机。为适合特定的煤层地质条件，并且采煤机采高、截深、装机功率及牵引方式等主要参数选取合理，有较大的适用范围；满足工作面开采生产能力的要求，采煤机实际生产能力要大于工作面的设计生产能力；采煤机技术性能良好，可靠性高，各种保护功能完善，使用、检修和维护方便。

2. 影响采煤机选型的主要因素

煤层赋存和开采条件包括煤层厚度、倾角、硬度、结构，地质构造、顶底板岩性、煤层裂隙及节理发育程度，以及水文地质条件和瓦斯浓度等；采煤工艺参数包括采高、工作面生产能力、工作面长度与推进长度等；采煤机与其他设备的配套关系，即采煤机的牵引方式应与工作面刮板输送机的结构形式协调一致，与液压支架之间应满足纵向尺寸和横向尺寸的配套关系。

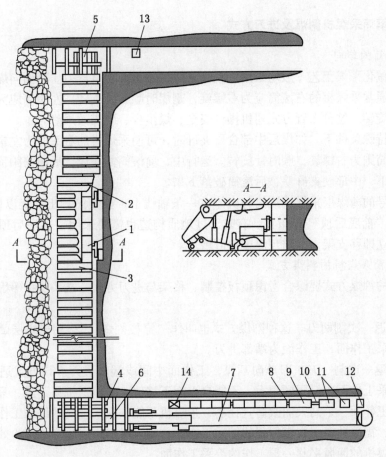

1—采煤机；2—刮板输送机；3—液压支架；4—下端头支架；5—上端头支架；6—转载机；7—可伸缩带式输送机；
8—配电箱；9—乳化液泵站；10—设备列车；11—移动变电站；12—喷雾泵站；13—液压安全绞车；14—集中控制台

图 8-2 综采工作面设备主要布置

采煤机的结构形式包括滚筒数目、调高方式、牵引方式（即牵引控制方式）等；采煤机的主要工作参数包括采高、截深、截割速度、牵引速度、牵引力、生产能力、装机功率和采煤机最大结构尺寸等。

3. 采煤机的实际生产能力

采煤机的实际生产能力主要取决于采煤机的实际牵引速度，后者与煤层强度、夹石层厚度和强度、司机的操作技能以及工作面的管理水平有关。其计算公式为

$$Q_c = 60 v_c SM\gamma C_0 \times 10^{-3}$$

式中　Q_c——采煤机的实际生产能力，t/h；

v_c——采煤机的实际牵引速度，一般综采为 3～4 m/min；

S——采煤机的截深，m；

M——工作面平均采高，m；

γ——煤的视密度，kg/m³；

C_0——工作面采出率，0.93～0.97。

二、双滚筒采煤机割煤及进刀方式

1. 双滚筒的转向

综合机械化采煤工艺一般均采用双滚筒采煤机,不开切口进刀。当面向煤壁站在综采工作面时,通常采煤机的右滚筒应为右螺旋,割煤时顺时针旋转;左滚筒应为左螺旋,割煤时逆时针旋转。这种布置方式司机操作安全、煤尘少、装煤效果好。

在某些特殊条件下,如煤层中部含硬夹矸时,可使采煤机的右滚筒为左螺旋,逆时针旋转;左滚筒则为右螺旋,顺时针旋转。运行中,前滚筒割底煤,后滚筒割顶煤,在下部采空的情况下,中部硬夹矸易被后滚筒破落下来。

有些型号的薄煤层采煤机滚筒与机体在一条轴线上,前滚筒割出底煤以便机体通过,因此也采用"前底后顶"式布置。有时,过地质构造也需要采用"前底后顶"式,后滚筒割顶煤后立即移支架,以防顶煤或碎矸垮落。

2. 双滚筒采煤机的割煤方式

采煤机的割煤方式要综合考虑顶板控制、移架与进刀方式、端头支护等因素确定,主要有两种:

(1) 往返一次割两刀。这种割煤方式也叫作"穿梭割煤",多用于煤层赋存稳定、倾角较缓的综采工作面,工作面为端部进刀。

(2) 往返一次割一刀,即单向割煤,工作面中间或端部进刀。该方式适用于顶板稳定性差的综采工作面;煤层倾角大、不能自上而下移架,或输送机易下滑、只能自下而上推移的综采工作面;采高大而滚筒直径小、采煤机不能一次采全高的综采工作面;采煤机装煤效果差,需单独牵引装煤行程的综采工作面;割煤时产生煤尘多、降尘效果差,移架工不能在采煤机的回风平巷一端工作的综采工作面。

3. 综采工作面采煤机的进刀方式

1)综采工作面端部斜切进刀

综采工作面端部斜切进刀如图 8-3 所示,其操作过程是:①当采煤机割至工作面端头时,其后的输送机槽已移近煤壁,采煤机机身处尚留有一段下部煤,如图 8-3a 所示;②调换滚筒位置,前滚筒降下、后滚筒升起并沿输送机弯曲段反向割入煤壁,直至输送机直线段为止,然后将输送机移直,如图 8-3b 所示;③再调换两个滚筒上下位置,重新返回割煤至输送机机头处,如图 8-3c 所示;④将三角煤割掉、煤壁割直后,调换上下滚筒,返程正常割煤,如图 8-3d 所示。

2)综采工作面中部斜切进刀

综采工作面中部斜切进刀如图 8-4 所示,其特点是输送机弯曲段在工作面中部,操作过程是:①采煤机割煤至工作面左端;②空牵引至工作面中部,并沿输送机弯曲段斜切进刀,继续割煤至工作面右端;③移直输送机,采煤机空牵引至工作面中部;④采煤机自工作面中部开始割煤至工作面左端,工作面右半段输送机移近煤壁恢复初始状态。

3)滚筒钻入法进刀

滚筒钻入法进刀如图 8-5 所示,其操作过程是:①采煤机割至工作面端部距终点位置 3~5 m 时停止牵引,但滚筒继续旋转;②开动千斤顶推移支承采煤机的输送机槽;③滚筒边钻进煤壁边上下或左右摇动,直至达到额定截深并移直输送机;④采煤机割煤至工作面端头，可以正常割煤。

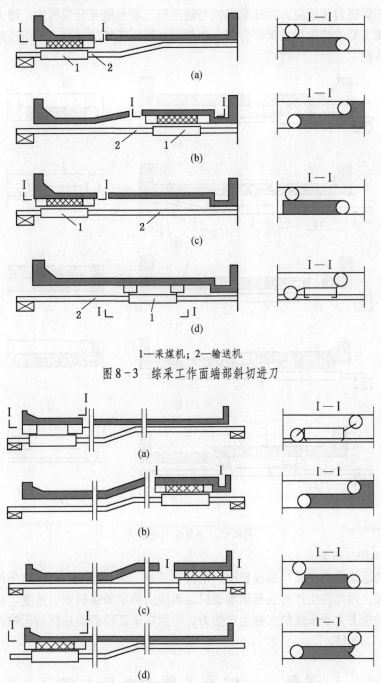

1—采煤机；2—输送机

图 8-3　综采工作面端部斜切进刀

图 8-4　综采工作面中部斜切进刀

三、综采工作面刮板输送机的选型与运输能力

1. 综采工作面输送机的选型原则

输送机的结构尺寸应与所选采煤机有严格配套关系，确保采煤机能以输送机为轨道往

返运行割煤；机槽及其所属部件的强度应与所选采煤机的重量及运行特点相适应；运输能力与采煤机割煤能力相适应，保证采煤机与输送机二者都能充分发挥生产潜力；输送机结构尺寸与液压支架的结构尺寸配套合理；中部槽与液压支架的推移千斤顶连接装置间距和配合结构要匹配。

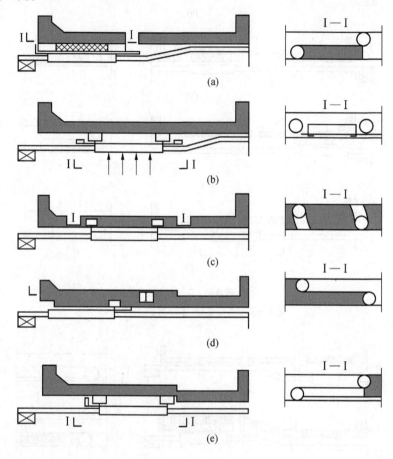

图 8-5 滚筒钻入法进刀

2. 输送机的运输能力

输送机的运输能力主要与铺设长度、电动机功率、煤层倾角、机槽和刮板链的结构特点等因素有关，因此在生产时应根据输送机运输能力确定采煤机牵引速度。总之，工作面刮板输送机的能力大于采煤机实际生产能力，一般综采工作面输送机的运输能力应该是采煤机的 1.1~1.15 倍。

课题二　综采工作面液压支架

一、液压支架的选型

1. 液压支架的分类

一般来说，综采工作面的液压支架分为支撑式、掩护式和支撑掩护式液压支架 3 种。

（1）支撑式液压支架，如图8-6所示。这种支架结构上没有掩护梁，支柱直接通过顶梁对顶板起支撑作用。

（2）掩护式液压支架，如图8-7所示。这种支架结构上没有掩护梁，单排立柱连接掩护梁或直接支撑顶梁对顶板起支撑作用。

（3）支撑掩护式液压支架，如图8-8所示。这种支架具有双排或多排立柱及掩护梁结构。

2. 液压支架选型依据及内容

（1）选型依据。支架选型前必须将工作面的煤层、顶底板及采空区的地质条件全面查清、探明，编出综采采区、综采工作面地质说明书。

图8-6　支撑式液压支架

（2）选型内容。选择支架时要确定下述内容：支架类型，如支撑掩护式或掩护式；立柱根数；支护阻力，包括初撑力、额定工作阻力；支架结构高度，包括最大和最小高度；顶梁和底座的结构形式、尺寸及相对位置；对防滑、防倒、防片帮、调架、移架、端面维护等装置的要求；操作方式、阀组性能等。

图8-7　掩护式液压支架

图8-8　支撑掩护式液压支架

二、液压支架的移架方式

1. 移架方式

我国采用较多的移架方式有3种，如图8-9所示。

（1）单架依次顺序式，又称单架连续式（图8-9a）。支架沿采煤机牵引方向依次前移，移动步距等于截深，支架移成一条直线。该方式操作简单，容易保证规格质量，能适应不稳定顶板，应用较多。

（2）分组间隔交错式（图8-9b、图8-9c）。该方式移架速度快，适用于顶板较稳定的高产综采工作面。

（3）成组整体依次顺序式（图8-9d、图8-9e）。该方式按顺序每次移一组，每组2~3架，一般由大流量电液阀成组控制，适用于煤层地质条件好、采煤机快速牵引割煤的日产万吨综采工作面。

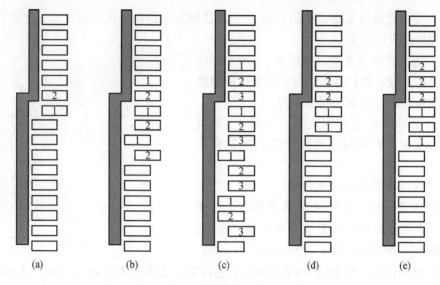

图 8-9　移架方式

2. 移架方式对移架速度的影响

移架速度取决于泵站流量及阀组和管路的乳化液通过能力、支架所处状态及操作方便程度、人员操作技术水平等因素。这些因素相同时，决定移架速度的关键因素就是移架方式。

实践表明，移架中操作调整时间占移架总时间的 60% ~ 70%。当泵站流量不变时，同时前移的支架数增加到 N，供液时间也相应增加，但调整操作时间 t_1 仍等于单架的调整操作时间，由于 t_1 远大于 t_2，故移架速度可加快。

若同时前移的支架数增加到 N，泵站流量也增加到 N 倍，则多架支架同时前移时的供液时间也没有增加，故可使移架速度进一步提高。

3. 顶板控制对移架方式的影响

选择移架方式不仅要考虑移架速度，还要考虑对顶板控制的影响。一般来说，单架依次顺序式移架虽然速度慢，但卸压截面积小，顶板下沉量比后两种小得多，适于稳定性差的顶板。即使顶板稳定性好，采用后两种移架方式时，同时前移的支架数 N 也不宜大于 3，以防顶板情况恶化。由于顶板状况多变，还要依照具体情况考虑移架方式，如图 8-10 所示。

（1）依次顺序移架时沿工作面支架工作阻力分布如图 8-10a 所示。图中 1~2 段对应未采煤段，支架为恒阻，2~3 段对应割煤，支架工作阻力稍有下降，5 表示支架卸载，4~5 对应该段支架在原位置的阻力下降，5~7 段表示支架移架后工作阻力逐渐上升，至 7~8 段达到恒阻。在采煤机工作范围内移架，虽可防止伪顶垮落，但割煤和移架同时进行，悬顶面积剧增，下沉速度加快，有可能出现顶板失控。这种情况下，采煤和移架要保持合理距离。

（2）在某些特定顶板条件下，尽管设备和顶板条件完全相同，单架依次顺序式移架需要经过较长时间支架才能达到额定工作阻力，而分组间隔交错式移架则能较快地达到额定工作阻力，矿压显现比前者缓和。

（3）与单向、双向割煤相适应的单向、双向移架，对顶板控制效果影响很大。单向

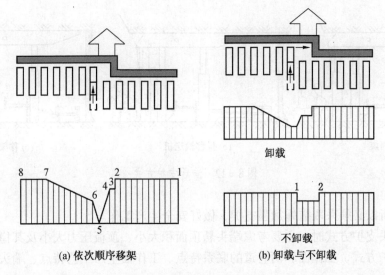

卸载

不卸载

(a) 依次顺序移架   (b) 卸载与不卸载

图 8-10 移架方式与卸载

移架时，先移的支架先达到额定工作阻力，支架阻力沿煤壁方向分布大致相同，有利于顶板控制；双向移架时，工作面端部支架短时间内两次移动，长时间处于初撑状态，不利于顶板控制。

（4）卸载与带载移架对顶板控制影响较大，如图 8-10b 所示。不卸载或部分卸载移架时，有利于控制顶板，应尽量采用。

三、液压支架的支护方式

1. 及时支护方式

如图 8-11 所示，采煤机割煤后，支架依次或分组随机立即前移支护顶板，输送机随移架逐段移向煤壁，推移步距等于采煤机截深。

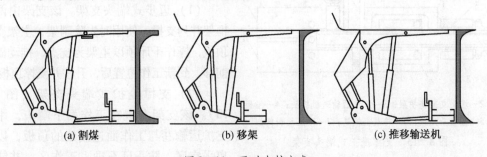

(a) 割煤   (b) 移架   (c) 推移输送机

图 8-11 及时支护方式

2. 滞后支护方式

如图 8-12 所示，采煤机割煤后，先移输送机，再移支架。

四、综采工作面端头支护

综采工作面端头是指工作面与两巷的交接处。其特点是端头处的悬顶面积大，机械设备多，设备和人员又要经常通过，有资料表明工作面端头处的顶板事故占工作面事故的

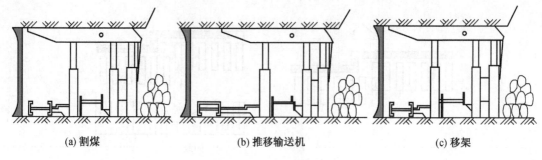

|(a) 割煤|(b) 推移输送机|(c) 移架|

图 8-12　滞后支护方式

1/4～1/3，所以必须采取措施加强支护，做好安全生产工作。

确定端头支护方式时，主要考虑端头悬顶面积大小、顶板压力大小及其稳定性、回采巷道原用支护方式、工作面和两巷道的联系特点、工作面生产工艺特点、端头设备布置形式等因素。

1. 综采工作面端头支护方式

1）单体支柱加长梁组成的迈步抬棚

综采工作面的端头支护与普采工作面的端头支护方式相同。支柱加长梁组成的迈步抬棚支护方式适应性强，有利于排头液压支架的稳定，但支设较麻烦，费工费时。

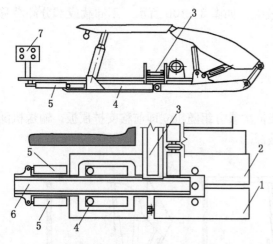

1、2—端头支架掩护梁；3—工作面输送机机头；4—滑板；
5—推移千斤顶；6—转载机机尾；7—液压控制阀组

图 8-13　支撑掩护式端头支架

2）综采工作面特种端头支架

综采工作面特种端头支架是专门为端头支护设计的，其类型主要有迈步式端头支架和支撑掩护式端头支架。端头支架移动速度快，但对平巷条件适应性差。其主要适用于工作面倾角小，两巷断面大，顶板较为完整的条件。

（1）迈步式端头支架。该支架由两个框架并列支撑。使用时先降副架，主架支撑顶板，操作千斤顶以主架为支点，推动副架前移，到新工作位置后，升柱并支撑顶板。

（2）支撑掩护式端头支架（图 8-13）。该支架布置在工作面下端头，用于支护运输巷与工作面连接处的顶板，以隔离采空区，防止矸石进入工作区，并能自动前移和推移转载机及刮板输送机机头，每组两架并列布置。

使用工作面端头支架时，每个端头可安设一组两架，下端头支架与巷道转载机的相互位置关系有中置式和偏置式两种，中置式根据实际情况在出口处可配用大抬棚作为辅助支护。如图 8-14 所示，平巷卧底掘进，工作面输送机机头与机槽坡度一致，机头与转载机机尾有合理搭接高度，为输送机提供良好运转条件。当采煤机牵引至终点位置时，其滚筒正好割至 A_m 和 D_m 点，端部无须开人工切口。平巷下帮有足够宽度供人员通过。

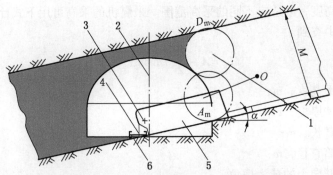

1—采煤机摇臂回转中心；2—平巷中心线；3—机头链轮中心；
4—转载机中心线；5—输送机机头；6—转载机

图 8-14　综采工作面下平巷设备布置及与煤层的关系

3）综采工作面普通液压支架

如图 8-15 所示，用综采工作面中间支架支护端头，每个端头一般设置 2~3 架与工作面相同的普通液压支架作为端头支架。因输送机机头、机尾的端头液压支架往往比工作面内的支架滞后一个截深，故采用普通液压支架解决此问题时要配合相应辅助支护来弥补普通液压支架梁短的不足。

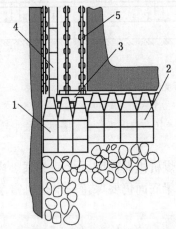

1—端头处支架；2—中间支架；3—工作面输送机机头；
4—转载机机尾；5—平巷超前支护

图 8-15　用综采工作面中间支架支护端头

2. 综采工作面超前支护

综采工作面超前支护方式与普采基本相同，这里不再赘述。

课题三　综采设备选型与配套

一、综采设备的几何尺寸配套关系

1. 综采工作面设备纵向尺寸配套

（1）采煤机的几何尺寸如图 8-16 所示，采用不同高度的底托架，采煤机可以获得几种不同的机面高度，以适应不同的采高范围。采煤机的采高可用下式计算，式中参数均可在产品说明书中查到。

$$M_m = A - \frac{C}{2} + L\sin\alpha_m + \frac{D}{2} \qquad (8-1)$$

式中　　A——机面高度，m；

　　　　C——机体厚度，m；

　　　　L——摇臂长，m；

　　　　D——滚筒直径，m；

　　　　α_m——摇臂向上的最大摆角。

为适应煤层厚度的变化，采煤机最大采高与最小采高之比应为 1.6~2.0。

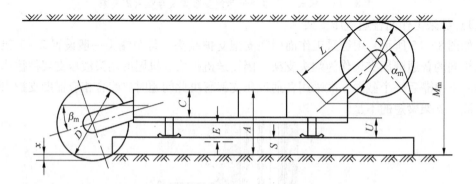

A—机面高度；C—机体厚度；D—滚筒直径；E—过煤高度；S—机槽高度；L—摇臂长；

U—底托架高度；x—最大下切量；α_m、β_m—摇臂向上及向下的最大摆角

图 8-16　综采工作面设备纵向尺寸配套

（2）支架支撑高度 H 与采煤机机面高度 A 之间关系。当采煤机处于支架最小支撑高度 H_{min} 情况下，其机面至支架顶梁底面仍要保持一个过机富余高度 Y 值，通常 $Y \geqslant 200$ mm，Y 可用下式表示：

$$Y = H_{min} - (A + \delta) \qquad (8-2)$$

式中　　δ——顶梁厚度。

若机面高度 A 过大，超过了支架最小支撑高度，煤层变薄时支架可能降不下来，采煤机就必须截割岩石；若 A 值过小，则导致采煤机底托架与输送机机槽间的过煤高度 E 值过小，煤流通过困难。

（3）采煤机的下切量即采煤机滚筒能割入底板的深度。下切量的大小表示采煤机对底板的平整性以及对输送机机槽歪斜的适应能力。工作面推进中，如果遇有底板鼓起或浮煤垫起而使输送机机槽向采空侧倾斜时，由于采煤机具有下切能力，而仍能割至底板。同时，下切能力也是采煤机过地质构造、仰斜或俯斜开采以及将底板割成平缓平面所必需的。采煤机的最大下切量 x 可按下式计算：

$$x = A - \frac{C}{2} - L\sin\beta_m - \frac{D}{2} \qquad (8-3)$$

计算出的值应为负数，表示割至机槽底面以下的深度；若是正值，则表示机器不能下

切，通常 $x = 150 \sim 300$ mm。

（4）采煤机底托架高度 U 影响到最大采高 M_m、机面高度 A、过煤高度 E 和下切深度。U 可用下式计算：

$$U = M_m - \left(\frac{C}{2} + L\sin\alpha_m + \frac{D}{2} + S \right) \qquad (8-4)$$

通常，采煤机说明书中列有几种机面高度或底托架高度，以供用户选择。

（5）摇臂升角 α 是影响采高的重要参数之一，升角增大，采高增大。但升角 α 过大，会使滚筒中心至机身端部的水平距离过小，从而使较多的割落煤不是在机身端部以外装入机槽，而是在机身的煤壁侧装入机槽，导致装煤效果差，较多的煤落在机面上，操作不安全。

2. 综采工作面设备横向尺寸配套

综采工作面的机道宽度就是割煤并移架后从支架前柱中心线至煤壁的距离，因此综采工作面机道宽度就是无立柱控顶宽度。及时支护式综采工作面机道宽度应包括一个截深的宽度。为了减小机道宽度，利于控制顶板，同时保证铲煤板与煤壁间的间隙，以及采煤机电缆拖移装置能对准输送机电缆槽，采煤机机身中心线相对于输送机机槽中心线向煤壁偏移距离 e，其值随机而定。

一般人行道宽度不应小于 700 mm，人行道的位置可在前后柱之间，也可在前柱与输送机之间，因设备而异。同时，支架顶梁梁端与煤壁之间必须保留一定的端面距，以防机槽不平直或斜切进刀时滚筒割梁端。

端面距 T 值与采高有关，一般 $T = 150 \sim 300$ mm，采高小时取下限，大时取上限。移架千斤顶的行程应比采煤机截深大 $100 \sim 200$ mm，以保证支架与输送机不垂直时也能移机、拉架一个截深。同时，液压支架选型与生产能力要相适应，以确保稳产高产。

二、综采设备的选择与配套

1. 液压支架的选择

1）液压支架的选型原则

支护强度应与工作面矿压相适应，即支架的初撑力和工作阻力要适应直接顶和基本顶岩层移动产生的压力，将采空区的顶底板移近量控制到最低程度；支架结构应与煤层赋存条件相适应；支护断面应与通风要求相适应，保证有足够的风量通过，而且风速不得超过《煤矿安全规程》的有关规定；液压支架应与采煤机、刮板输送机等设备相匹配，支架的宽度应与刮板输送机中部槽长度相一致，推移千斤顶的行程应较采煤机截深大 $100 \sim 200$ mm，支架沿工作面的移架速度应能跟上采煤机的工作牵引速度，支架的梁端距应为 150 mm 左右。

2）液压支架的选型方案

一般情况下，煤层顶板稳定、平整、坚硬、周期来压明显或强烈，可选用支撑式液压支架；顶板松软破碎或中等稳定、底板平整、周期来压不明显、瓦斯涌出量不大，可选用掩护式液压支架；各种类型顶板（破碎、中等稳定、稳定）、周期来压明显、瓦斯涌出量大，可选用支撑掩护式液压支架。

液压支架选定后，还应对其支护强度进行验算。

2. 转载机和可伸缩带式输送机的输送能力

转载机和可伸缩带式输送机的输送能力应大于工作面正常生产能力。

$$Q_z = (1.5 \sim 3.0)Q \tag{8-5}$$

$$Q = \frac{Q_b}{T} \tag{8-6}$$

式中　Q_z——转载机和可伸缩带式输送机的输送能力，t/h；

　　　Q——工作面正常生产能力，t/h；

　　　Q_b——工作面班产量，t/班；

　　　T——每班纯割煤时间，h。

3. 综采工作面的生产能力与供风量

综采工作面风速不允许超过 4 m/s，采高和架型一定时，其通风断面也是定值，因此综采工作面所能达到的供风量是有限的，采煤机割煤时工作面风流中瓦斯含量不能超过《煤矿安全规程》的规定。在瓦斯涌出量较大的综采工作面，应按瓦斯涌出速度合理确定采煤机割煤牵引速度，使工作面保持均衡生产。由于割煤过快，常造成瓦斯超限而停机、断断续续割煤，这对于生产和安全均是不利的。

课题四　特殊条件下综采工艺特点

一、大采高采煤工艺的特点

1. 大采高工作面

当一次性采煤高度大于 3.5 m 时，支架稳定性差，煤壁易片帮，管理难度大，常把这类采煤工作面称为大采高工作面。我国很多矿区的主采煤层厚度均在 3.5 ~ 5 m。这类煤层若采用分层综采，则采高较小，影响经济效益。若采用放顶煤综采，则煤层较薄时不太适宜，于是 20 世纪 80 年代以来我国出现了一批大采高综采工作面。

2. 大采高采煤安全技术措施

由于支架的支撑高度大，支架各部件的连接销轴与孔之间存在轴向和径向间隙，即使在水平煤层的工作条件下，支架也会产生歪斜、扭转甚至倒架。当高度为 4.5 m 的支架水平放置时，立柱横向偏移顶梁距离可达 300 ~ 400 mm；当支架向前或后倾斜 ±1° 时，梁端距变化 ±70 mm。若采煤机向煤壁侧倾斜 6°，端面距将增加到 800 mm，容易发生冒顶事故；若采煤机向采空侧倾斜 6°，滚筒就要割支架顶梁。而如果煤层有倾角以及底板不平，支架更容易歪斜、倾倒，从而导致顶梁互相挤压，支架难以前移，或顶梁间距过大而发生漏矸现象。

为防止以上现象发生，除进一步完善设备结构外，在采煤工艺上也应采取以下措施：

（1）支架工作状态是否正常，主要是由采煤机司机操作割煤质量决定的，因此应加强采煤机司机的训练和工作中的检查，将底板割平。

（2）把煤壁采直，并防止输送机滑倒，使支架垂直煤壁前移，架间保持平衡，防止邻架间前梁和尾端相互推挤，并严格控制支架高度和采高，使之不超高。

（3）移架时，顶梁不脱离顶板，但又要防止过度带压移架，以防碎矸垮落和支架后倾。发现小的歪斜时，应立即调整，以防顶板进一步恶化。

（4）工作面出现断层等地质构造时要制定相应的技术措施，保证工作面的工程质量。大采高综采工作面容易出现煤壁大面积片帮，片帮后端面距加大，顶板失去煤壁支撑，常常造成冒顶事故。对片帮严重，特别是周期来压（大面积、大深度片帮也是周期来压的显现）时，靠支架自身机构护不住煤帮，需采取下列特殊措施：①改变工作面推进方向；②用木锚杆或薄壁钢管锚杆加固煤帮，煤帮上锚杆布置的密度、深度依据煤层特点和片帮严重程度而定；③用聚氨酯或其他化学树脂固结煤壁，增加煤体强度。

（5）大采高综采工作面端头管理困难，因此运输巷及回风巷最好沿底留顶掘进，这样有利于端头管理。但有些厚煤层顶煤留不住，因此常常采用沿顶留底的方法掘进平巷，在工作面端部留下较厚的底煤，使端头管理造成困难。为了利于端头管理，应按下述原则留设底煤：自工作面中底板过渡到端部底煤高度应有一段缓和的曲面，使支架和输送机槽部都能适应，否则会发生倒架、挤架、损坏输送机等事故。

二、大倾角机采工作面工艺特点

干燥条件下金属对金属的摩擦因数为 0.23～0.30，其相应的摩擦角为 13°～17°；潮湿条件下摩擦因数要降低。因此，以输送机为导轨和支承的采煤机，当煤层倾角大于 12° 时须设防滑装置。

煤层底板对金属的摩擦因数一般为 0.35～0.40，相对应的摩擦角为 18°～20°。由于工作面常有淋水以及进行降尘洒水作业，可使摩擦因数进一步降低，致使煤层倾角在 12° 时就有可能由于输送机和支架的自重引起下滑。

综上所述，12° 以下煤层是机采的最有利条件，设备不会因自重而下滑。对生产中出现的倒架、歪架以及输送机上下窜动等问题，可以通过工艺措施加以解决；当煤层倾角大于 12° 时，工作面设备一般也应有防滑装置。

1. 防止输送机下滑

输送机下滑是机械化采煤最常见的问题。输送机下滑往往牵动支架下滑，损坏拉架移输送机千斤顶，输送机机头与转载机机尾不能正常搭接，煤滞留于工作面端头，导致工作面条件恶化。

输送机下滑主要有下列原因：

（1）重力原因引起下滑，当煤层倾角达到 12°～18° 时就有可能因自重而下滑。

（2）推移不当、次数过多地从工作面某端开始推移。

（3）输送机机头与转载机机尾搭接不当，导致输送机底链反向带煤，或者底板没割平或移输送机时浮煤过多及硬矸进入底槽，导致底链与底板摩擦阻力过大，均能引起输送机下窜。

2. 液压支架防倒防滑

煤层倾角较大时，液压支架的稳定性问题通常表现为如下几种情况：

（1）由于煤层倾角较大，支架重力沿煤层倾向的分力大于支架底座和底板间的摩擦力，便可产生侧向移动。

（2）随煤层倾角增大，支架重力的作用线超出支架底座宽度边缘时便会倾倒。此外，煤层倾角较大时，顶板移动方向偏离煤层顶底板的法线方向，也会使支架倾倒。支架前后端下滑特性不同以及垮落矸石沿底板的下冲作用，也会使支架在煤层平面内移动。

（3）支架重心所受合力产生的偏心使支架倾倒。

3. 采煤机防滑

煤层倾角大于16°时，采煤机虽然不会出现因自重而引起的下滑，但可能出现大块煤矸或物料在输送机刮板链带动下推动采煤机下滑；并且随着煤层倾角的增加，水平分力也相应增大，使采煤机下滑趋势加大。

三、大倾角综采的防滑措施

（1）移架顺序。以三组支架为例，由下至上在工作面下部将第一组和第三组支架用千斤顶和锚链连接在一起，移架顺序为"2—1—3"，即先移第二组支架，然后移第一组支架，最后移第三组支架，随移随调整支架。

（2）因煤层倾角大，工作面开采时，将工作面调整成伪斜开采，这样可以降低工作面的倾角。

（3）开采前，在工作面自下而上每隔20组支架，在前梁处用废旧皮带沿走向上挂支架下垂到底板的挡矸帘，防止快速滑落的煤矸伤人。

（4）支架下滑量较大时，应采取自下而上的移架方式或间隔移架。同时，为防止支架下滑将支架尾梁下摆0.2～0.3 m。

（5）在移架过程中利用好侧护板，及时调整支架状态，并且按规定顺序移架。

（6）工作面采高严禁超过2.8 m，不能大于支架的有效支撑高度，使支架失去稳定性，支架必须平行接顶，达到初撑力。

（7）当工作面顶板破碎时，必须采取超前移架、带压移架等措施，有效防止顶板抽漏。

（8）每班设专人调整支架，并注意观察输送机机头、机尾位置的变化，及时调整伪倾斜角，以控制输送机下滑。

（9）支架与煤壁应保持垂直，支架的推拉杆与输送机连接角度应保持在75°～90°之间，以控制输送机下滑。

（10）工作面支架推拉失效要及时更换，保证工作面内所有的推拉都好使，使支架与输送机连成一体。

（11）输送机机头与转载机机尾搭接高度和倾斜长度为0.5 m，防止带回煤量过大，增大底链运行阻力，使输送机下滑。

（12）采煤机割煤时，因工作面倾角大，根据实际情况，割煤时应适当降低牵引速度，防止割出飞块伤人。

（13）由于本工作面倾角大，采煤机割煤时，采煤机以下架前严禁有人作业和行走，人员（看采煤机电缆人员）必须在架间行走，防止飞块伤人。

（14）作业人员严禁到硬帮作业，必须到硬帮时，严格执行敲帮问顶制度，将输送机、采煤机停电闭锁，支架的前探梁和护帮板全部伸出护住帮顶，作业点上方不得有人作业，并用双金属网和双铁道在作业点上方挡好，挡网位置与作业人员距离不得超过5 m。

（15）工作面每20组支架设一部扩音电话，作业人员进出工作面，经过输送机机头下部时，用扩音电话及时通知工作面采煤机司机或作业人员停止作业，输送机必须停电闭锁，并进行瞭望，确认无危险后，要迅速通过，严禁在工作面输送机运行时通过，防止飞块伤人。

（16）机道有人作业时，作业上方人员应停止一切作业，并且由班队长负责指派专人在上方沿走向挡好防护网，网贴至底板，上挂支架，并且拴好系牢，上方设专人警戒，以免有人作业产生飞块伤人。

课题五 综采工作面设备的安装与拆除

综采工作面设备安装、拆除前，要由矿分管领导牵头组织采煤、掘进、机电、运输、通防、地测、安全、设备管理等部门相关人员，召开安装、拆除现场办公会，成立安装、拆除领导小组，明确职责，提前编制"综采工作面安装、拆除作业规程"。"综采工作面安装、拆除作业规程"主要内容和要求有：①安装、拆除设备的数量，大型部件的安装、拆除需按标准提出要求；②设备安装、拆除顺序；③设备运输路线和安装、拆除运输提升设备的布置情况及布置图；④设备安装、拆除方法及标准要求；⑤安装、拆除的安全技术措施；⑥安装、拆除中的顶板管理措施等。

一、设备的安装

1. 安装前的准备工作

（1）准备井下使用的各种绞车、平板车及其他需用矿车，经检查、检修达到完好；按绞车型号、运输设计长度缠绕好直径匹配、长度合适的钢丝绳，分车准备下井。

（2）按绞车布置位置，安装好各种型号的绞车，并将绞车调试好。

（3）检修临时泵站，一般两台液压泵一个泵箱。准备好所使用的各种高压胶管。

（4）准备好施工所使用的各种工具，装入工具车准备下井。

（5）将调试合格的设备配件装车准备下井。液压支架、采煤机等设备经解体拆下的部件，按安装顺序单独装车编号下井。

（6）备足安装所需的支护用品及材料。

2. 工作面设备安装顺序

（1）先安装工作面前（后）刮板输送机的机头、溜槽和底链，然后安装液压支架。

（2）在工作面安装完10余组支架后，可随后依次安装刮板输送机挡煤板、驱动架和驱动装置。采煤机、转载机、破碎机、带式输送机、移动电站等设备可根据实际情况进行同步安装。

（3）剩余5~7架液压支架后，安装后部机尾（安装刮板输送机的驱动架、驱动装置和上链），全部液压支架安装完毕，再安装前部机尾，供电后上紧链、上齐刮板。

（4）先单机调试，再联合试运行。

3. 液压支架组装及安装

（1）液压支架井下组装要在专用的组装硐室内进行。

（2）液压支架的组装方法如下：

①严格按方向和顺序下井，顺序依次为前顶梁、底座箱体、掩护梁（最后3架采用倒装顺序）。

②利用起吊底座滑轮或专用起吊棚进行起吊组装，首先将掩护梁安装到底座箱体上，各部位销轴安装到位后，再安装前顶梁与底座箱体，连接好掩护梁。

③待液压支架各连接部位销轴安装齐全可靠后，然后用手动葫芦牵引 $\phi15.5$ mm 钢丝封车两道，做到牢固可靠。

（3）液体支架的安装。

①在液压支架进行调架前，必须将安装支架地点及周围的顶板进行加固支护。

②利用回柱绞车配合导向滑轮将液压支架调到安装位置并与煤壁垂直。

③升起液压支架支撑顶板，初撑力达到规定要求，连接推拉装置。

④按完好标准对液压支架进行全面检查。

4. 采煤机安装

（1）把底托架安装到工作面输送机上。

（2）从里向外依次吊装，对装在机体内的截割部、牵引箱、电控箱、电动机，上好定位块，紧固、对接底盘螺丝。

（3）安装左右滚筒。

（4）连接各部分之间的管线，安装供水管、电缆、电缆卡、护板装置等附属装置。

（5）配齐滚筒截齿和喷头。

（6）向各部加注合格的油脂，油量达到要求位置。

（7）检查设备安装质量。

5. 刮板输送机的安装

（1）安装工作面支架前，定位铺设好工作面刮板输送机前（后）溜槽。

（2）输送机各部件通过铺设在开切眼内的安装轨道，按顺序依次运入并卸到安装地点。

（3）安装前要根据有关部门给定的尺寸确定机头或机尾的安装位置。

（4）按给定位置，先将机头各部件运入到位、安装，然后依次运入、安装过渡溜槽、中间溜槽，机尾部过渡溜槽，最后运入、组装机尾各部件。

（5）安装机头、机尾时，为不影响支架安装，其电动机、减速箱等部件可滞后支架安装。

（6）按完好标准对刮板输送机进行全面检查。

6. 转载机与破碎机的安装

安装顺序：铺设封底板—装机尾—铺底链—装溜槽—装挡煤板—安装破碎机—安装桥身段—装转载机机头。

（1）桥式转载机安装前，要根据带式输送机安装中线把带式输送机机尾承载段安装好。

（2）将转载机尾安装在端头主架的底座里面，刮板输送机底托架溜煤口下面，然后将底刮板链从机尾中板下面穿过并反搭接在机尾链轮上。

（3）从机尾逐段摆正封底板，加长底刮板链、铺设中部槽，安装挡煤板，并用螺栓与溜槽、封底板固定，依次逐节安装，相邻挡煤板间均以螺栓连接紧固。

（4）同轮式破碎机配套时，破碎机的输入进料槽，输出过渡槽可直接与中部槽端头相接，并用连接销，挡煤板连接完好。

（5）在安装桥身段各部件时，应调整好位置、角度，再紧固螺栓。

（6）将机头小车的车架和横梁连接好，安装在带式输送机机尾的跑道上，并将车轮进行固定，防止安装机头时车轮前后移动，然后安装机头及传动部，并与架桥段相接，转载机机头与带式输送机机尾重叠 4 m 左右。

（7）将下槽的刮板链从机头中部下面引出，绕过机头链轮并与机尾引过来的上链接好。

（8）按照完好标准对全机进行检查。

7. 带式输送机的安装

（1）安装前，有关部门要在带式输送机整个安装长度范围内的巷道顶板上给出安装基准线。

（2）根据安装基准线及带式输送机机头的落煤中心点，定好机头卸煤滚筒的位置，并将要安装的设备依次运入。若落煤点为溜煤眼，先用工字钢等密排封堵溜煤眼。

（3）依次安装卸载端、机头部、储带仓部分、张紧绞车和卷带装置。

（4）安装中间架和下托辊，铺设输送带，安装上托辊。

（5）调平调直机架，加设防跑偏装置。

（6）安装带式输送机供电设备，安设信号、保护、紧急停车及其他装置。

（7）向各润滑部位加注适量的合格油脂。

（8）输送带张紧后，按照完好标准对安装的带式输送机进行全面检查。

8. 液压泵站的安装

（1）接通液压泵和供液箱间的所有胶管。

（2）把供回液胶管向工作面液压支架和其他使用地点敷设，并接好。

（3）把供水管接到液箱的入口上。

（4）按照规定的比例配制乳化液。将乳化液配比装置安装调试好。

（5）将电缆、管线敷设吊挂安装好，然后接通电源和操作按钮。

（6）对泵站和液压系统进行全面检查。

二、综采设备的拆除

1. 综采设备的拆除顺序

（1）一般先拆除带式输送机，然后依次拆除转载机、破碎机。

（2）在进行以上拆除工作的同时，可同步拆除采煤机、移动电站和泵站。

（3）拆除工作面刮板输送机。

（4）最后拆除工作面液压支架。

2. 采煤机的拆除

采煤机解体前，先将采煤机开至机头（尾）预定地点，做好拆除前的准备工作。根据井下运输条件，将采煤机解体为左滚筒、左摇臂、左行走部、中间段（电控箱、拖缆装置、调高泵站）、右行走部、右摇臂、右滚筒。

在拆装滚筒过程中采取可靠的安全措施，防止滚筒翻滚伤人。坡度较大时，必须采取有效的防滑措施。

3. 液压支架的拆除

采用液压支架支护撤架空顶区，撤架前先调转 2～3 架支架作撤架时的掩护支架用。

（1）给待拆除的第一个支架供液，降下前梁，前移适当距离，让支架在掩护支架的前梁或抬棚下调架，把支架调到与工作面平行的位置，顺工作面拖向装车点。

（2）交替前移掩护支架到撤架处，准备撤第二架，以后可依次类推。

（3）将液压支架牵到起吊硐室内安全位置。

4. 刮板输送机、转载机、破碎机的拆除

1）刮板输送机的拆除方法

（1）刮板输送机断电，把输送机的刮板链断开，并拆除链条、刮板。

（2）拆除机头、机尾、电机减速箱、过渡槽、机头架、底座、电气部分，并装车运走。

（3）拆除挡煤板、支架拉移装置，与前部溜槽一起拆除。

（4）用慢速绞车从机头向机尾或从机尾向机头方向，依次将溜槽拖至装车位置，及时装车运走，小件集中装运。

2）桥式转载机与破碎机的拆除

（1）拆开刮板链并拆除。

（2）拆除机头电动机、减速箱。

（3）用小木垛把转载机桥部垫好，并在桥部两侧用小单体柱作辅助支撑。

（4）拆除破碎机和转载机桥部的对接螺栓。

（5）拆除机头部和行走小车，把带式输送机机尾运走。

（6）拆除桥部挡板、封底板和溜槽。

（7）拆除拖移锚固装置和全部液压部件。

（8）拆除破碎机。

（9）拆除机尾、落地段溜槽、挡板和封底板。

（10）依次拆除的转载机部件及时装车运走，各种小件集中装运。

5. 带式输送机的拆除

（1）带式输送机机头落煤点有溜煤眼的，先用工字钢梁等密排封堵溜煤眼；然后断开输送带，开机将输送带逐段吐出，断开后的输送带装车运走；断开输送带时要保证输送带的长度，严禁随意截割、拆坏、磨损输送带。

（2）带式输送机断电，拆除带式输送机电控部分。

（3）拆除机头和储带仓部分。

（4）拆除张紧绞车和卷带装置。

（5）拆除中间架和上下托辊。

（6）带式输送机机尾要在拆除转载机时拆除。

6. 设备列车的拆除

将移动变电站、液压泵站、开关和集中控制设备的连接装置拆开，拆除各部电缆及控制线路并且做好标记，将列车上的托电缆装置进行编码并拆解出井。

三、综采设备的试运转

1. 设备的单机试运转

设备单机试运转前和试运转过程中，专职维修工按如下内容逐项检查：

（1）各部的紧固件是否齐全，有无松动现象。

（2）各注油部位的油质、油量是否符合要求。

（3）运转部位运转是否灵活，声音、温度是否正常。

（4）各仪表及显示是否正常。

（5）各种管路的连接是否正确。

（6）电源接线是否正确，电压是否正常。

（7）链条的张紧度是否适中。

（8）各类阀件的型号是否符合要求，有无泄漏，动作是否可靠。

（9）控制与保护系统是否完好，动作是否可靠。

各设备单机试运转的程序是：检查电动机转向—整机空转—带负荷运转。在设备调试过程中，发现问题及时处理，直至符合要求为止。

2. 设备的联合试运转

所有设备在进行联合试运转过程中，按以下内容逐项检查和观察：

（1）搭接部位是否合理、正确，配套关系是否符合要求。设备间的自动控制是否符合要求。

（2）信号传输、接收和显示是否达到要求。

（3）联合控制系统是否正常，动作是否可靠。

（4）技术性能、运行状态是否达到设计要求。

联合试运转的程序是：工作面由刮板输送机依次向带式输送机发出开机信号，再由带式输送机向刮板输送机方向逐个启动设备，先空载联合试运转，然后带负荷联合试运转。

复习思考题

一、填空题

1. 综合机械化采煤是指回采工作面的_____、_____、_____、_____及_____等基本工序都实现机械化作业。

2. 煤层赋存和开采条件主要包括_____、_____、_____、_____，_____、_____及_____，以及_____和_____等。

3. 采煤工艺参数包括_____、_____、_____与_____等。

二、判断题

1. 采煤机与其他设备的配套关系，即采煤机的牵引方式应与工作面刮板输送机的结构形式协调一致，与液压支架之间应满足纵向尺寸和横向尺寸的配套关系。　　（　　）

2. 选择液压支架时，根据煤层采高选择就可以了。　　（　　）

3. 支架选型的内容有：结构形式，有支撑式、掩护式和支撑掩护式3种。　　（　　）

4. 支架选型前必须将工作面的煤层、顶底板及采空区的地质条件全面查清、探明，编出综采采区、综采工作面地质说明书。　　（　　）

5. 综采工作面采煤机的割煤方式是考虑到推进速度确定的。　　（　　）

三、简答题

1. 什么是综采工艺系统？综采工作面的主要设备有哪些？

2. 采煤机进刀方式有哪几种？有何优缺点？

3. 及时支护与滞后支护的区别是什么？

4. 简述综采工作面设备的几何尺寸配套及生产能力配套的基本原则。

5. 综采工艺管理要点是什么？

6. 薄煤层采煤机有哪些特点？

7. 综采采用双滚筒采煤机割煤时，怎样确定滚筒的位置和转向？

8. 综采工作面有几种移架方式？不同的移架方式对工作面整体移架速度和顶板控制有什么影响？

项目九　放顶煤开采工艺

【学习目标】
1. 熟悉放顶煤技术概念。
2. 掌握放顶煤回采工艺类型、设备类型。
3. 掌握顶煤破碎机理、放出规律和矿压显现规律。
4. 知道放顶煤采煤法的优缺点及适用条件。

课题一　放顶煤开采的类型及特点

开采近水平、缓倾斜厚煤层时，先采出煤层底部长壁工作面的煤，随即放出上部顶煤的采煤方法称为长壁放顶煤采煤法。放顶煤采煤法的实质，就是在厚煤层沿煤层底部布置一个采高 2 ~ 3 m 的长壁工作面，用常规方法进行回采，利用矿山压力的作用或辅以人工爆破松动等方法，使支架上方的顶煤破碎成散体后，由支架后方或上方的放煤窗口放出，经刮板输送机运出工作面。长壁放顶煤工作面布置如图 9 - 1 所示。

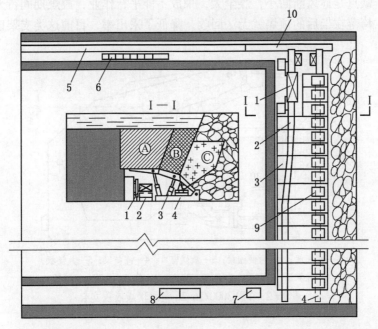

1—采煤机；2—前部输送机；3—放顶煤液压支架；4—后部输送机；5—平巷带式输送机；
6—配电设备；7—安全绞车；8—泵站；9—放煤窗口；10—转载机、破碎机；
A—不充分破碎煤体；B—较充分破碎煤体；C—待放出松散煤体
图 9 - 1　长壁放顶煤工作面布置

一、按放顶煤工艺及相应设备分类

按采煤工艺方式不同，放顶煤可分为综采放顶煤、普采放顶煤和炮采放顶煤。根据采煤工艺不同，选用的放顶煤液压支架分综采放顶煤液压支架、滑移顶梁液压支架和单体液压支柱配 II 型顶梁支架。由于与综采放顶煤的支护设备不同，后两者称为简易放顶煤。

我国的放顶煤开采技术已从近水平、缓倾斜、倾斜厚煤层发展到急倾斜厚煤层。由于采用水平分段放顶煤采煤法，受煤层厚度限制，急倾斜厚煤层放顶煤工作面一般较短，与长壁放顶煤采煤法有一定的区别。

综采放顶煤液压支架按其结构、类型和放煤口的位置不同，可分为高位放顶煤液压支架、中位放顶煤液压支架和低位放顶煤液压支架 3 种。按照工作面铺设的刮板输送机数量，有单输送机和双输送机之分。采用高位放顶煤液压支架，工作面液压支架前端只铺设一部输送机；采用中位和低位放顶煤液压支架，工作面液压支架前端和后端分别铺设前、后两部输送机。

1. 单输送机高位放顶煤液压支架

单输送机高位放顶煤液压支架的典型例子见图 9 - 2 所示的 YFY3000/16/26 型放顶煤液压支架。这种类型的支架仅有一台前部输送机，顶煤是从掩护梁上方窗口放入，通过架内的溜煤板装入支架前方的输送机。它的控顶距短，适用于煤质较软的缓倾斜煤层或急倾斜特厚煤层。特点是短托梁加内伸缩梁及侧护板，优点是稳定性好，运输系统及工作面端头维护简单；缺点是通风断面小，煤尘大，采放不能平行作业，放煤期间行人困难。由于放煤窗口高，垮落在架后的顶煤就无法回收，降低了采出率，目前这类支架已很少使用。

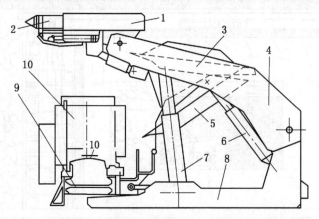

1—短托梁；2—内伸缩梁；3—放煤窗口；4—掩护梁；5—放煤板；
6—放煤千斤顶；7—立柱；8—底座；9—输送机；10—采煤机

图 9 - 2　YFY3000/16/26 型放顶煤液压支架

2. 双输送机中位放顶煤液压支架

双输送机中位放顶煤液压支架的典型例子见图 9 - 3 所示的 ZFS3000/19/28 型放顶煤液压支架。这种类型的支架在 20 世纪 90 年代初用得较多。该类型支架采用单铰结构，放煤窗口设在掩护梁下部，后部输送机铺在液压支架的底座上，由于支架后铰点较高，属于中位放顶煤。与高位放顶煤液压支架相比，这种支架具有稳定性及密封性好、煤尘较小、采放可平行作业、回收率较高和后部空间小等特点，但垮落于支架后方窗口以下的顶煤不能回收。

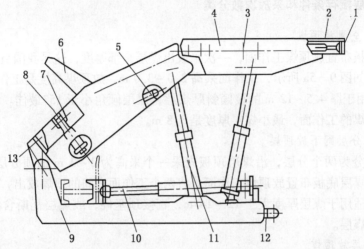

1—伸缩梁；2—伸缩梁千斤顶；3—侧推千斤顶；4—顶梁；5—摆杆千斤顶；6—摆动杆；7—掩护梁；
8—放煤千斤顶；9—底座；10—后部输送机千斤顶；11—立柱；12—推移千斤顶及框架；13—放煤板

图 9-3　ZFS3000/19/28 型放顶煤液压支架

3. 双输送机低位放顶煤液压支架

双输送机低位放顶煤液压支架的典型例子见图 9-4 所示的 ZF3000/15/30 型放顶煤液压支架。这种类型的支架顶梁较长，支架的放煤口已变为插板，后部刮板输送机铺在底板上，近年来发展起来的轻型综采放顶煤液压支架也多是这种形式。双输送机低位放顶煤液压支架的主要优点是顶梁较长，一般有铰接前梁、伸缩梁与护帮板，控顶距大，可提高顶煤的冒放性，有利于中硬顶煤的破碎。尤其是使用插板机构低位放顶煤，后部输送机铺在

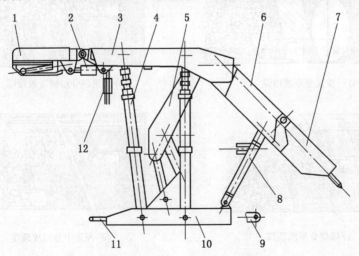

1—前梁；2—前梁千斤顶；3—顶梁；4—支柱；5—上连杆；6—掩护梁；7—摆动尾梁；8—支撑板；
9—移后部刮板输送机千斤顶；10—底座；11—推杆；12—操纵阀

图 9-4　ZF3000/15/30 型放顶煤液压支架

底板上，使放煤口加大且位置降低，能够最大限度地回收顶煤，采出率高，放煤时煤尘小。经过多年实践，目前普遍认为双输送机低位放顶煤液压支架具有广泛的发展前景。

二、按煤层赋存条件和采放次数分类

1. 一次采全厚放顶煤

沿煤层底板布置放顶煤工作面，一次采放出煤层全部厚度，这是我国目前使用最多的放顶煤方法。如图9-5a所示，工作面采高2.0~3.0 m，放顶煤高度是工作面采高的1~3倍，一般适用于厚4.5~12 m的缓倾斜厚煤层，煤层倾角小于15°最佳。我国采用轻型液压支架放顶煤的工作面，最小煤层厚度是3.8 m。

2. 预采顶分层网下放顶煤

将煤层划分为两个分层，沿煤层顶板先采一个采高为2~3 m的顶分层长壁工作面。铺网后，再沿煤层底板布置放顶煤工作面，将两个工作面之间的顶煤放出，如图9-5b所示。这种方法适用于煤层厚度大于12~14 m，直接顶坚硬，或煤层瓦斯含量高、需预先抽放的缓倾斜煤层。

3. 倾斜分层放顶煤

如图9-5c所示，煤层厚度大于15~20 m时，用平行于煤层层面的斜面将煤层分为两个以上厚度在8~10 m的倾斜分层，而后依次进行放顶煤开采。

4. 预采中分层放顶煤

如图9-5d所示，先在中分层布置采煤工作面，让该工作面上部顶煤垮落，只采不放，堆积于采空区；再在下分层布置综放工作面，采底层煤，并将中分层开采后其上部的原实体顶煤和已堆积在采空区的顶煤放出。这种方法在防止煤层自然发火方面难度较大，我国很少使用。

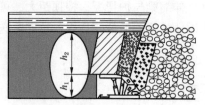

(a) 一次采全厚放顶煤

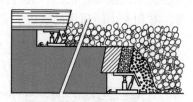

(b) 预采顶分层网下放顶煤

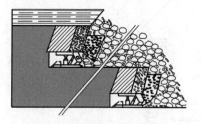

(c) 倾斜分层放顶煤

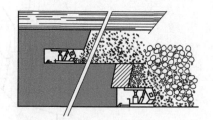

(d) 预采中分层放顶煤

图9-5 综采放顶煤按煤层赋存条件和采放次数分类

课题二 放顶煤开采工艺过程

一、放顶煤破碎放出及矿压显现规律

1. 顶煤破碎过程及影响因素

顶煤只有在支架顶梁上部、中部或尾部完全变为松散破碎的煤块，才能从放煤窗口中放出。在工作面推进过程中，开采引起的支承压力、顶板回转和支架反复支撑使煤壁前方的顶煤由实体煤变为松散破碎的煤块。一般认为顶煤的破坏过程可分为4个分区或过程，如图9-6所示。

1）初始破坏区

煤层的采出必然造成煤壁前方形成移动支撑压力，在工作面煤壁前方一定距离以外的顶煤在支撑压力作用下，原生裂隙扩展，顶煤开始破坏，形成图9-6中的A区。

2）破坏发展区

随工作面继续推进，煤壁前方附近的顶煤受顶板回转作用，煤体发生破坏，裂隙扩展、水平位移和垂直位移急剧增大，形成图9-6中的B区。

3）裂隙发育区

在控顶区范围内，由于支架的反复支撑和卸载作用，顶煤裂隙和裂缝进一步发育，表现为裂隙密度的急剧增加和裂缝迅速扩大，形成图9-6中的C区。

4）垮落破碎区

支架上方靠采空区侧的顶煤完全破坏，失去连续性，成为可放出的破碎煤块，形成图9-6中的D区。

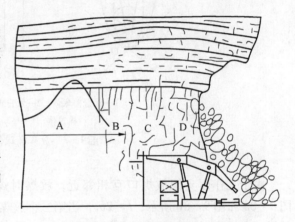

A—初始破坏区；B—破坏发展区；C—裂隙发育区；D—垮落破碎区

图9-6 顶煤破坏分区

顶煤破碎是支撑压力、顶板回转及支架反复支撑共同作用的结果。其中支撑压力对顶煤具有预破坏作用，是顶煤实现破碎的关键；接近煤壁时受顶板的回转作用，这与顶板结构有关，特别是与来压步距和强度有关。顶板回转对顶煤的再破坏作用使顶煤进一步破碎；在控顶区内主要是支架对顶煤的反复"加载-卸载"作用，支架对下位2~3 m范围的顶煤作用最为明显。

2. 顶煤放出规律

根据放矿理论，矿石在采场破碎后是按近似椭球体形状向下自然流动下来的，即原来所占的空间为一旋转椭球体。如图9-7所示，在放矿过程中形成的椭球体称为放出椭球体，停止扩展而最终形成的椭球体称为松动椭球体，放矿后形成放出漏斗和移动漏斗。

顶煤高度为h，则放出椭球体长轴为$2a$，近似等于h，短轴为$2b_1$。高度为h的水平煤岩分界面将下降为一漏斗面，由于下降时煤岩的滚动，漏斗面实际上是由一定厚度的混矸层组成。

生产实践表明，放出椭球体短轴与长轴的关系为 $2b_1 = (0.25 \sim 0.3) h$。

根据放矿理论，放矿椭球体表面上的颗粒将大体上同时到达放矿口。因而在放煤的同时，放出椭球体周围的煤矸也将向放煤口流动，充填放煤留下的空间，形成松动椭球体，其高度 $H = (2.2 \sim 2.6) h$。

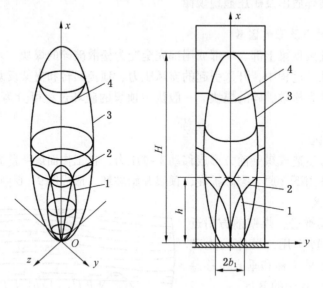

1—放出椭球体；2—放出漏斗；3—松动
椭球体；4—移动漏斗

图 9 - 7　放矿椭球体的概念

由于工作面支架放煤口互相邻近，放煤时煤口的间距 l 可直接影响放煤效果。如图 9 - 8a 和图 9 - 8b 所示，$l > 2b_1$，当第二个放煤口放煤时，不会因已放过第一个放煤口的煤而发生煤矸混杂现象，但放煤口之间有较大的脊背煤损失，如图中阴影部分，l 越大，脊背煤损失越大；如图 9 - 8c 所示，$l < 2b_1$，如放煤高度仍为 h，放出漏斗之上的矸石必将有一部分混入放出的煤中，即图中由矸石组成的双线阴影部分要进入相邻放煤口之上的放出椭球体，但脊背煤损失会明显降低。

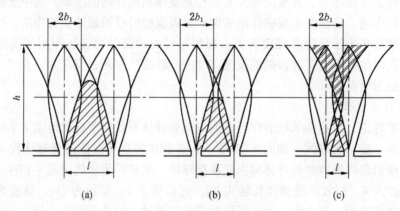

(a)　　　　　　　　(b)　　　　　　　　(c)

图 9 - 8　放煤口间距与放煤效果的关系

以上是沿工作面长度方向的分析，在工作面推进方向上也是如此：放煤步距加大可减少煤矸混杂现象，但有较大的脊背煤损失；放煤步距减小时容易使煤矸混杂，但脊背煤损失较小。

因此，在一定放煤高度条件下，需要合理确定放煤口间距和放煤步距；在液压支架架型选定后，放煤口间距已确定，高位和中位液压支架上的放煤口宽度要小于支架宽度，而低位插板式液压支架的放煤口最大，等于同时放煤的液压支架宽度，因此需要选择合理的放煤步距和同时放煤的支架架数，以便减少煤损，又不增加混矸。

需要指出，长壁放顶煤的放煤条件与金属矿放矿条件有较大差异，因此上述理论尚需结合具体矿井修正。

3. 综放工作面矿压显现规律

由于综放工作面采放的高度比普通综采的采高成倍增加，采空区垮落的煤矸厚度也将增大，从而导致矿压显现规律有所不同。总的来讲，综放工作面的矿压显现比想象的要缓和，主要表现在：

（1）周期来压不明显或来压强度变小，来压时动载系数比同等条件下普通综采工作面小，来压步距有所减小。

（2）支架载荷低，没有随采厚加大而大幅度增加载荷，多数支架的工作阻力未达到额定工作阻力。

（3）支架前立柱的工作阻力一般大于后立柱的工作阻力。

二、长壁综放工作面参数分析

1. 工作面长度及推进长度

放顶煤采煤工作面长度应主要考虑顶煤破碎、顶煤放出、煤炭损失、月推进度、产量和效率等因素影响。

由于工作面长度对顶板破断和支撑压力都会产生影响，为有利于顶煤放出，工作面长度不宜太小，一般应不小于 80 m。

由于目前综放工作面的区段煤柱及端头放煤问题尚未得到完全解决，从减少煤炭损失考虑，适当加大工作面长度可以减少这部分损失所占的比例。

与单一煤层和分层工作面不同，综放工作面长度除受采煤机生产能力、输送机铺设长度、煤层自然发火期等因素影响外，还受顶煤厚度的影响。顶煤越厚，在后部刮板输送机能力一定的情况下，放顶煤的时间就越长，当放顶煤时间超过采煤机割煤时间时，就会出现停机等待放煤现象。因此，对于煤层厚度大、主要由放煤能力决定工作面单产的工作面，工作面长度不宜太大。

对于地质构造简单、煤层赋存稳定、瓦斯含量低的近水平煤层，工作面长度和月推进度是相互关联的。工作面长度和推进度的最佳组合应保证工作面产量最大，效率最高。工作面太短，辅助工时比例增加；工作面太长，设备故障率增加。

2. 放煤步距

如图 9-9 所示，在工作面推进方向上，两次放

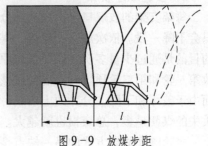

图 9-9 放煤步距

顶煤之间的推进距离称为循环放煤步距。确定循环放煤步距的原则是使放出范围内的顶煤能够充分破碎和松散，以提高采出率，降低含矸率。根据椭球体运动特性，合理的放煤步距应与椭球体短轴半径和放煤高度相匹配，使顶部矸石和采空区矸石同时到达放煤口，这样丢煤最少，且含矸率最低。

不同放煤步距下的煤矸运动状态如图 9 - 10 所示，对照图 9 - 9 可以看出，放煤步距太大时，顶板方向的矸石先于采空区后方的煤到达放煤口，关闭放煤口后，后方顶煤将放不出来，脊背煤损失大；放煤步距太小时，采空区方向的矸石先于上部顶煤到达放煤口，上部顶煤会被截断在采空区。

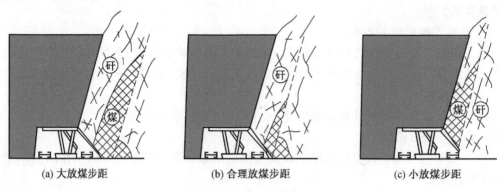

(a) 大放煤步距　　　　　　(b) 合理放煤步距　　　　　　(c) 小放煤步距

图 9 - 10　不同放煤步距下的煤矸运动状态

合理的放煤步距应是采煤机截深的整倍数，并与顶煤的厚度有关。顶煤厚度较小时，通常以一采一放较为合理；顶煤厚度较大时，放煤步距可适当增大，采用两采一放或三采一放。应当指出，放煤步距还与顶板垮落和运动的特点及顶煤的破碎程度有关。

3. 放煤方式

放顶煤工作面放煤顺序、次数和放煤量的配合方式称为放煤方式。放煤方式不仅对工作面煤炭采出率、含矸率影响较大，还影响总的放煤速度和工作面单产。综采放顶煤工作面主要采用以下 4 种放煤方式。

1）单轮顺序放煤

将工作面液压支架依次按顺序编号，放完 1 号支架的煤后，按顺序再放第 2 架、第 3 架……这种放煤方式简便易行，但由于上一个放煤口的上方即为放完煤的矸石漏斗，本架放煤时，上一架矸石漏斗中的矸石极易过早地混入煤中，如实行见矸关闭放煤口的原则，顶煤的损失就较大；如不及时关闭放煤口，则矸石混入又较多。

2）多轮顺序放煤

每架支架的放煤口每次只放部分顶煤，例如 1/3 或 1/2 煤量。这样，顶部煤岩分界面只会下降一段。依次放完一轮煤，煤岩分界面均匀下降一个高度，再放下一轮。采用多轮的目的是通过少量多次放煤使煤岩原始分界面均匀下沉，提高采出率。采用这种放煤方式放第一轮和第二轮顶煤时，混矸可减少。但由于顶煤垮落或放煤时，原来整齐的煤岩分界面由于破坏和下降，分界面上形成一个煤岩混合的混矸层，扰动次数越多，混矸层越厚，丢失的煤就越多，总煤损也就越大。

多轮顺序放煤方式的另一缺点是每架支架的放煤辅助操作时间需要多次重复，总放煤速度慢，长壁工作面使用此法很难保证实现高产高效。这种方法要求工人在完全没有监测手段的情况下，每次放出等量的煤，在技术上很难控制。如放出煤量不相等，丢煤可能更多。该方法目前多用于顶煤厚度较大的情况。

3）单轮间隔放煤

如图9-11所示，按每隔一架支架的顺序进行放煤，一次放完。先放第1、3、5…单号支架，滞后一段距离再放第2、4、6…双号支架。这种放煤方式易于掌握，操作简单；放煤效果好，丢煤少。这是因为首先打开单号支架放煤口，因放煤口间距增大了一倍，后放煤口的放出椭球体不会与前放煤口的漏斗状煤岩混杂面相交，后打开的双号支架放煤口只放单号支架之间的脊背煤，放煤量小，见矸立即关闭放煤口，顶煤放出率高。这种方式可实现多口放煤，放煤速度快，更适用于高产高效工作面，对煤岩分界面的扰动次数少，混矸层薄，煤损也少，因此被广泛采用。

4）多轮间隔放煤

这种放煤方式与单轮间隔放煤的区别是每次放 1/2～1/4 的顶煤，反复两三轮。该方式可使垮落煤岩分界面均匀下降，采出率高，含矸率低，但放煤速度慢。

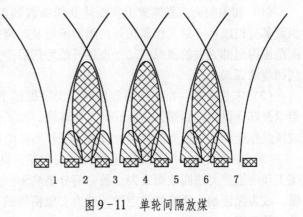

图9-11 单轮间隔放煤

4. 开采厚度

放顶煤采煤法能否实现高产高效的关键之一是顶煤能否松碎和顺利放出。顶煤高度过大，将使顶煤破碎不充分，放出困难；顶煤高度过小，将形成无规则垮落，混矸严重，并且架前易超前冒顶，增大含矸率。

顶煤放出前破碎松散需要一定的空间，当采煤机采高为 2.5～3.0 m 时，按照顶煤松散系数计算，低位放煤支架的顶煤厚度应小于 8～10 m。

综放工作面的采高指采煤机的割煤高度。合理采高主要根据工作面的通风要求、放顶煤液压支架的稳定性、煤壁的稳定性、合理采放比以及工作面合理操作空间等因素确定。其中，采放比指采煤机割煤高度与放顶煤高度之比。从提高综放工作面采出率的角度考虑，应尽量加大采高、减少放顶煤高度。

目前我国缓倾斜综采放顶煤工作面的采高一般控制在 2.5～3.0 m。根据工作面通风、防尘、支架选择的不同要求，采高在 2.6～3.2 m 之间的情况也不少见。

5. 采放比

采放比是采煤机采高与顶煤高度之比。合理的采放比要根据煤层厚度、煤的硬度和节理发育程度以及工作面推进速度等因素确定。

采煤机采高与支架的稳定性、通风断面大小有关，一般重型支架放顶煤工作面采高在 2.5 m 以上，煤质中硬以上时，采高可达 2.8～3.0 m。采煤机采高增加后，有利于通风和顶煤充分破碎，但不利于防止煤壁片帮，并增加了支架的重量。

顶煤高度决定着循环放煤时间，放煤时间过长，必然增加循环作业时间，影响工作面的推进速度，对控制工作面矿压显现和预防煤层自然发火均不利。

采放比理想的状态是所放顶煤充分松散破碎后增加的高度等于底层工作面的采高。对于一次采全厚综放开采，根据煤层厚度不同，我国的采放比多在 1∶1～1∶2.6 之间。

我国缓倾斜煤层综放工作面已有的经验是：煤质中硬以下，节理发育，采放比以 1∶1～1∶2.4 为宜，即采高为 2.5～3.0 m，放煤高度为 2.5～7.2 m，采放高度为 5.0～10.2 m；煤质中硬以上，节理发育，采放比以 1∶1～1∶1.7 为宜，即采高为 2.5～3.0 m，放煤高度为 2.5～5.1 m，采放高度为 5.0～8.1 m。

除特厚煤层外，缓倾斜厚煤层的采放高度就是煤层厚度，我国大部分高产高效综放工作面就是开采这种厚度的煤层。

6. 采出率

1）放顶煤采煤法煤炭损失分类

厚煤层放顶煤采煤法的采出率比分层开采低，损失主要由以下部分组成：

（1）初采损失：指综放工作面从开切眼起到正常放顶煤期间的顶煤损失。初采损失由两部分组成：一是工作面在开切眼后不能及时垮落而丢失的顶煤，即在顶煤初次垮落步距范围内全部丢失的顶煤；二是顶煤开始垮落后至直接顶初次垮落前，垮落在采空区内无法回收的煤炭。

（2）末采损失：指工作面收尾时，为了保证工作面顶板稳定，以便给放顶煤液压支架以及其他设备的回撤创造良好的工作环境，在工作面到达终采线以前一定距离内不进行放顶煤作业，从而丢失的煤炭，或由于工作面从沿底板爬行至沿顶板丢失的底板三角煤。

（3）端头损失。工作面上下端头损失包括：两条回采巷道上方的顶煤，这部分煤炭随工作面推进无法回收而丢失；另一部分是端头上方的顶煤，工作面两端的端头支架不放煤，或为保证端头顶板的稳定性，端头支架相邻的 1～2 架普通支架或过渡支架不放煤而造成的丢煤。

（4）架间损失：在工作面长度方向上由于支架间脊背煤存在形成的损失。这部分损失与架型有关，高位和中位液压支架的损失较大，低位插板式支架损失最少。

（5）放煤步距损失：支架移架步距达到放煤步距后，在工作面推进方向上，有一部分顶煤落在放煤口之下或刮板输送机机槽以下，不能放出。

（6）工艺损失：在放煤过程中，由于垮落的顶煤和垮落的直接顶在向下放落过程中形成一个混合带，为了减少含矸率而不得不丢失一部分顶煤；或因放煤顺序不当，造成矸石提前窜入放煤口上方，从而导致煤炭丢失。

2）提高综放工作面采出率的途径

（1）减少工作面初采和末采损失。尽早促使顶煤垮落，如煤质较松软，工作面开切眼沿底板布置时，工作面推出开切眼 6 m，在直接顶初次来压前强制放顶煤；煤质较硬时，利用架间间隙向顶煤打顶眼，放震动炮松动顶煤。

在末采时，缩小不放顶煤的范围，在距离终采线 10 m 左右停止放顶煤，并铺顶网开始收作。

另外，加大工作面走向连续推进长度和工作面长度，可以相对减少工作面初采和末采损失所占的比例。

（2）减少放煤工艺的顶煤损失。正确选择液压支架架型，优先选用低位放顶煤液压支架；根据煤层厚度、架型，正确选择放煤方式和放煤步距。

（3）减少浮煤损失。低位放顶煤液压支架收尾梁放煤时，顶煤常溢出后部输送机两侧，移输送机后在采空区形成 300 mm 左右厚的浮煤。因此，可将后部输送机推移千斤顶的铰点上移 200 mm，使后部输送前移时产生向下的分力，将部分浮煤铲入机槽。

（4）确定工作面合理的推进方向和放煤顺序。工作面仰采时，散体煤块重力的倾斜分力指向采空区，促使顶煤向采空区运动，影响顶煤放入溜槽，如果煤层倾角进一步加大，则顶煤放出效果更差。

当工作面俯采时，顶煤重力的倾斜分力指向煤壁，促使顶煤向放煤口方向运动，随着煤层倾角加大，顶煤放出效果更佳。因此，俯采有利于提高顶煤采出率。但是俯采时采空区侧的矸石向放煤口的运动也比较顺利，若放顶煤步距较小时，矸石可能先于顶煤到达放煤口，增大顶煤的含矸率和降低采出率。因此，俯采时放煤步距应较大，而仰采时应适当减小放煤步距。采用走向长壁采煤法时，正确的放煤方向应从工作面下端头向上端头方向依次放煤，可比相反的放煤方向获得较高的采出率和较低的含矸率。

通过实测，综放工作面顶煤的采出率俯采最高，走向开采时次之，仰采最低。

（5）减少工作面端头损失。综放工作面的两巷一般沿底布置。为保护出口安全，工作面两端头各两架支架上的顶煤不放，这样会形成端头损失；但是合理安排端头支架和排头架（过渡架）以及采取相应的保护措施，这样不仅出口安全有保证，而且减少了端头损失。

三、放顶煤采煤法的评价和适用条件

近年来，放顶煤开采技术在我国得到了迅速发展，出现了潞安、兖州、阳泉等以放顶煤开采为主的高产高效矿区，许多重要指标已达到世界领先水平，代表了我国厚煤层开采的发展方向。

1. 放顶煤采煤法的评价

1）优点

与厚煤层的其他采煤方法相比，放顶煤采煤法主要有以下优点：

（1）有利于合理集中生产，一次采出煤层厚度增加，工作面内具有多个出煤点，而且可实行分段平行作业，增加了煤层的开采强度，单产高；简化了生产环节，并大幅度降低了巷道的掘进及维护工作量，实现了矿井高度集中化生产。

（2）具有显著的经济效益。由于降低了巷道掘进及维护费、电力消耗、设备占用费、材料消耗费、安装拆迁费及工资等，可使吨煤成本明显降低。由此，取得的经济效益是显著的。

（3）对煤层厚度变化及地质条件具有较强的适应性。由于综放开采顶煤的放出厚度是可以变化的，因此能适应厚度变化较大的煤层条件，从而避免了因煤层厚度变化分层工作面难以布置的困难。此外，综放开采对小的地质构造也具有较好的适应性。

2）问题和不足

放顶煤采煤法尚存在以下一些有待于在实践中逐步解决的问题和不足：

（1）煤损大。在目前的技术水平条件下，放顶煤开采的工作面煤炭采出率一般比分层开采低 10% 左右，即使采用无煤柱护巷技术，初采和末采损失及工艺损失仍存在。

（2）防火困难。由于煤损较多，在回采期间采空区就可能发生煤炭自燃。因此，有

效防止煤炭自燃是放顶煤开采成败的又一关键。

（3）煤尘大。在放顶煤工作面，煤尘比分层开采高 1～2 倍以上。采煤机割煤、支架操作时的架间漏煤及放煤均为粉尘的来源。高位放煤时放煤工序产生的粉尘较大，顶煤破碎严重时架间漏煤产生的粉尘也会对工作面产生严重影响。在低位放煤时，工作面粉尘，尤其是呼吸性粉尘的主要来源仍然是采煤机割煤。

（4）瓦斯易积聚，隐患较大。与分层开采相比，放顶煤开采的产量集中，瓦斯散发面大，主要来源于煤壁、采落的煤炭、采空区、放煤口放落的煤炭和支架顶部已断裂的煤壁。因此，同一煤层，综放工作面比分层综采工作面瓦斯绝对涌出量大得多，特别是高瓦斯矿井。在直接顶厚度不大、不能随采随垮的条件下，采空区高度大，瓦斯易于积聚，易形成安全隐患，这不仅制约着综采设备能力的充分发挥，而且威胁着矿井的安全生产。

2. 放顶煤采煤法的安全技术措施

1）煤尘危害的防治

综放工作面可采用煤层注水、喷雾降尘方法，同时配合使用工作面负压二次降尘技术，并尽可能选用低位放顶煤液压支架。在采用这些措施后，煤尘浓度仍有可能达不到国家规定，这就需要采取其他补救及个体防护措施，以便把煤尘危害降低到最低程度。使用防尘口罩是常用的个体防尘手段之一。

2）瓦斯治理

综放工作面防治瓦斯要采用加大供风量、在机尾吊挂导风帘、在上隅角安装水射流喷嘴和局部通风机等措施，这些措施虽然对控制上隅角瓦斯积聚、稀释工作面瓦斯浓度有一定作用，但远不能杜绝综放工作面瓦斯超限现象。因此，根据瓦斯情况还可以采取以下措施：

（1）预掘瓦斯排放巷，如图 9-12 所示。

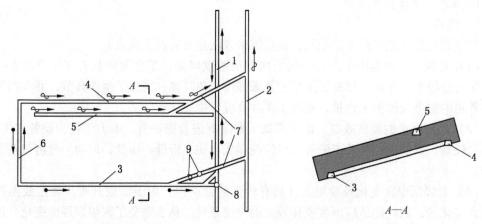

1—采区运输上山；2—采区回风上山；3—区段运输平巷；4—区段回风平巷；
5—瓦斯排放巷；6—开切眼；7—联络斜巷；8—煤仓；9—风门

图 9-12　综采放顶煤工作面巷道布置

（2）在工作面上方开掘走向或倾向高抽巷（在上覆岩层中布置抽放瓦斯的巷道）。

（3）大直径钻孔抽放邻近层瓦斯。

（4）改变通风系统，将"U"形通风改为"U+L"形通风。

3. 放顶煤采煤法的适用条件

目前放顶煤开采应用比例呈上升趋势，产量约占国有重点煤矿的20%。特别是在高产高效矿井中，已是开采大于5.0 m厚度煤层的主要方法。

由于放顶煤是利用矿山压力破煤，因而对煤层的可放性及其赋存条件具有一定的要求，其适用条件可概括为以下几点：

（1）煤层厚度。一般认为一次采出的煤层厚度以5~12 m为佳。顶煤厚度过小易发生超前冒顶，增大含矸率；煤层太厚时顶煤破碎不充分，会降低采出率。预采顶分层综放开采时，最小厚度为7~8 m。

（2）煤层硬度、层理、节理发育程度。顶煤破碎放出主要依靠顶板岩层的压力，其次是支架的反复支撑作用。因此，放顶煤开采时，煤质松软，层理、节理发育时容易放出。煤质中硬，普氏系数$f<2$最好；$f=3.1~3.9$，层理、节理发育亦可，但一次开采厚度不宜过大，否则需采取预破碎措施。

（3）煤层倾角。缓倾斜厚煤层采用放顶煤开采时，煤层倾角不宜过大，一般以25°以下为宜，否则支架的倒滑问题会给开采造成困难。个别矿如宁夏乌兰矿在25°~30°的煤层中试验放顶煤开采已获得成功。

（4）煤层结构。煤层中含有坚硬夹石会影响顶煤的放落；或因放落大块夹矸将放煤口堵住。因此，每一夹石层厚度不宜超过0.5 m，其普氏系数f也应小于3，否则需采取特殊破碎措施。顶煤中夹石层厚度占煤层厚度的比例也不宜超过10%~15%。

（5）顶板条件。直接顶应具有随顶煤下落的特性，其垮落高度不宜小于煤层厚度的1.0~1.2倍，基本顶悬露面积不宜过大，以免工作面遭受冲击。

（6）地质构造。地质破坏较严重、构造复杂、断层较多和使用分层长壁综采较困难的地段、上下山煤柱等，采用放顶煤开采比用其他方法能取得较好的效果。

（7）自然发火、瓦斯、煤尘及水文地质条件。对于自然发火期短、瓦斯涌出量大、煤尘有爆炸危险以及水文地质条件复杂的煤层，应根据条件采取相应的安全技术措施才能采用放顶煤开采。

复习思考题

一、填空题

1. 放顶煤采煤法按采煤工艺方式不同分_____、_____和_____。

2. 按煤层赋存条件和采放次数不同分_____放顶煤、_____放顶煤、_____放顶煤、_____放顶煤。

3. 综采放顶煤液压支架按其结构、类型和放煤口位置不同，可分为_____放顶煤液压支架、_____放顶煤液压支架和_____放顶煤液压支架3种。

4. 综采放顶煤工作面有_____、_____、_____、_____4种放煤方式，_____应用较多。

二、简答题

1. 简述放顶煤采煤方法的分类及特点。

2. 简述顶煤破碎过程及破坏分区。

3. 简述放矿椭球体理论。

4. 综放工作面矿压显现的一般规律有哪些?

5. 确定放煤步距和放煤方式的主要因素有哪些?

6. 放顶煤工作面煤炭损失是如何分类的,提高采出率的主要途径有哪些?

7. 简述综采放顶煤技术的主要优缺点。

8. 简述综采放顶煤采煤法的适用条件。

项目十 连 采 工 艺

【学习目标】

1. 了解连采工艺的基本概念。

2. 掌握连采工艺的主要工序。

3. 熟悉连采各工序和各工种之间的协调配合关系。

4. 掌握连采的特点及适用条件。

连采工艺是连续采煤工艺的简称，是由连续采煤机的锚杆钻机交替进行掘进和支护作业的一种采煤工艺，具体包括割煤、接运煤、支护等工序。

课题一 割 煤 工 序

一、连续采煤机及连采分类

（一）连续采煤机

连续采煤机是一种综合掘进和短壁开采的设备，集切割、行走、转运、喷雾灭尘于一体，主要由截割机构、装运机构、行走机构、液压系统、电气系统、冷却喷雾除尘装置以及安全保护装置等组成（图10-1）。连续采煤机的工作原理是通过截割滚筒的升降并配以履带行走机构的前进及后退来完成截割循环的。连续采煤机的工作机构是横置在机体前方的旋转截割滚筒，截割滚筒上装有规律性排列的镐形截齿。在每一个作业循环的开始，升降液压油缸将截割滚筒举到要截割的高度上，在行走履带向前推进的过程中，旋转的截割滚筒切入煤层一定的深度，称为掏槽深度。然后行走履带停止前进，再用升降油缸使截割滚筒向下运动至巷道底板，按截槽深度呈弧形向下截割出宽度等于截割滚筒

图10-1 连续采煤机

长度、厚度等于截槽深度的弧形条带煤体。它的作业循环进度一般不大于7m。经过连续多次的循环作业，就可以截割出需要的巷道形状，完成掘进工作。

（二）连采分类

1. 按采煤工艺分类

按采煤工艺可分为两大类：一类是连续采煤机-梭车工艺系统，另一类是连续采煤机-输送机工艺系统。

2. 按运煤方式分类

按运煤方式不同可分为两类：一类是连续采煤机-梭车-转载破碎机-带式输送机工艺系统；另一类是连续采煤机-桥式转载机-万向接长机-带式输送机工艺系统。前者是间断运输工艺系统，后者是连续运输工艺系统。

（1）连续采煤机-梭车工艺系统。这种系统主要用于中厚煤层，有时也用于厚度较大的薄煤层，如图10-2所示。

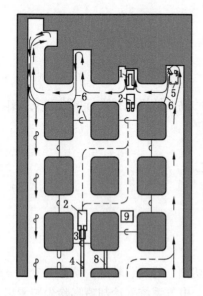

1—连续采煤机；2—梭车；3—转载
破碎机；4—带式输送机；5—锚杆机；
6—纵向风障；7—风帘；8—风墙；
9—电源中心

图10-2　连续采煤机-梭车工艺系统

为了将煤匀速送入带式输送机，在输送机前面设置了转载破碎机，以利梭车快速卸载，并破碎大块煤。这种工艺系统与传统工艺系统相比机械化程度高，大大减少了作业人员。

（2）连续采煤机-输送机工艺系统。这种系统是将采煤机采落的煤通过多台输送机转运至带式输送机上，如图10-3所示。

图10-3a是采煤机开采中部的煤进行直巷截割；图10-3b是采煤机向右侧进行弯巷截割；图10-3c是采煤机转向右侧进行直巷截割；图10-3d是采煤机回到左侧进行直巷截割。

连续运输设备由1台桥式转载机和3台万向接长机、1台特低型带式输送机组成。

这种系统主要用于薄煤层，在中厚煤层中的使用也呈上升趋势。这种连续运输系统克服了梭车间断运输产生的影响，且有利于在薄煤层中应用。

由于薄煤层巷道低，条件较差，为方便运送人员、设备和材料及清扫浮煤，设1台铲车。

连续采煤机采煤后，若顶板不太稳固，可先用金属支柱临时支护，永久支护采用金属锚杆或树脂锚杆，边打锚杆边回撤临时支柱。1台采煤机配备2台顶板锚杆机，进行顶板打眼和安装锚杆作业。

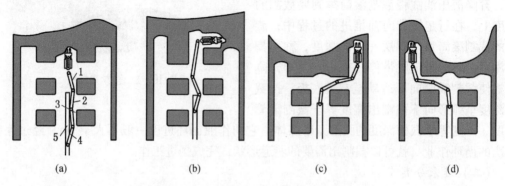

|(a)|(b)|(c)|(d)|

1—桥式转载机；2、3、4—万向接长机；5—带式输送机

图10-3　连续采煤机-输送机工艺系统

二、截割

（一）截割工序

连续采煤机掘进过程分为切槽和采垛两个工序。司机在激光指向仪的导向下，确定连续采煤机的进刀位置，先在巷道的一侧掘进，按照巷道尺寸截割深度达循环进度后退机，这一工序称为切槽，如图 10-4a 所示。然后连续采煤机退出，调整到巷道的另一侧，再截割剩余的煤壁，使巷道掘至所要求的宽度和循环进度，这一工序称为采垛，如图 10-4b 所示。

无论是切槽还是采垛工序，连续采煤机截割时，先将采煤机截割头调整到巷道顶板，即升刀；将截割头切入煤体，切入深度不大于截割头的直径，然后逐渐调整截割头高度，截割头由上而下截割煤体，当截割头切到煤层底部时，连续采煤机稍向后移，割平底板，并装完余煤，然后连续采煤机再进行下一个截割循环。连续采煤机依次反复循环，完成切槽和采垛工序，直到一次掘进进尺达到规定的循环进度后转移到邻近巷道作业。

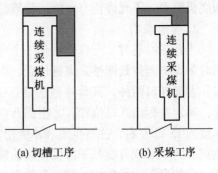

(a) 切槽工序　　(b) 采垛工序

图 10-4　连续采煤机掘进过程

（二）截割分类

截割是连采工艺最主要的工序，有直巷截割和弯巷截割两种类型。

1. 直巷截割

直巷截割包含切槽、采垛、退机 3 个子工序。

1）切槽

（1）铲装板处于停放或飘浮位置，截割臂处于半举升状态，向前移动采煤机至工作面与端头煤壁接触；举升起截割臂至需要的高度，距顶板（设计高度）200～300 mm；打开喷雾水阀，打开截割机构电动机，并将湿式除尘器风扇电动机打开。

（2）降下稳定靴，增加机器的稳定性，踏下并保持脚踏板，转动行走履带控制开关手柄，使采煤机向前行走，使截割滚筒向前进入煤体掏槽 400～600 mm（具体深度根据煤质硬度而定）深，操纵多路换向阀控制手柄使截割滚筒向下截割至底板；同时将输送机机尾放置于梭车的料斗上面，开动采煤机的装运机构电动机，当梭车装满后，关掉装运机构电动机。

（3）提起稳定靴，使截割滚筒沿底板截割，机器后退约 500 mm，用以修整凸起处并平整底板。

（4）升起截割臂至顶部，距顶板（设计高度）200～300 mm；向前行走采煤机，截割下一掏槽，这样单刀进度达到 7 m 后（这一深度是根据采煤机距驾驶室的距离为 7 m 而定），升起铲板，退出采煤机。

2）采垛

将采煤机的截割滚筒从掏槽的位置向后退出，并将采煤机调整至巷道右帮，开始扫帮，放下铲板，升起截割臂至顶部，距顶板 200～300 mm；向前行走采煤机顶到煤壁上，然后降下稳定靴，以增加机器的稳定性，开始截割，当截割深度达到 500 mm 左右时，操纵多路换向阀控制手柄使截割滚筒向下截割至底板。同时将输送机机尾放置于梭车的料斗上面，开动采煤机的装运机构电动机，当梭车装载满后，关掉装运机构电动机。重复操作直至与左侧煤帮割齐。

3）退机

退机就是退出采煤机，将采煤机截割头降至底板，然后移动采煤机。当循环掘进进度达到规定的深度时，退出采煤机调至另一条巷道掘进。退机时，应该用采煤机修整两帮的凸起和不平的底板。退出采煤机后，升起截割臂至设计高度，用以修整右帮凹凸不平的顶板。再调采煤机以同样的方式来修整左帮的顶底板，修整左帮的顶底板时，必须与右帮的顶底板割平，不允许留有台阶。待修整完备后准备进行下一个作业循环。

2. 弯巷截割

当开联络巷时，开口处就是一个弯巷截割的工艺过程。与直巷截割不同的是，弯巷截割时采煤机需频繁调整采煤机位置，以达到拐弯的目的。根据实际，开口通常分为左侧开口和右侧开口两种，其具体做法是：①根据工作面顶底板及两帮地质条件和巷道施工设计，确定并标出开口位置；②根据开口深度及巷道参数，确定开口所需电缆及水管长度，一般为 15 m 左右，并将电缆和水管沿右或左帮拉到位；③将采煤机调至要开口位置，使截割头的左端或右端与开口位置起始端接触，采煤机的机尾调至巷道的右帮或左帮，做好开口准备工作；④将截割滚筒升起距顶板 300 mm 左右，放下铲板，启动截割电动机，同时将输送机机尾放置于梭车的受料斗上面，开启采煤机、输送机电动机；⑤以与直巷截割相同的割煤方式掘进，当采煤机截割滚筒的右侧或左侧与开口的另一帮掘齐时，退出采煤机；⑥调整采煤机以同样的方式大于上一刀的角度从左帮或右帮进刀，当与右帮或左帮掘齐时，退出采煤机。

（三）连采切入煤体方法

1. 正切法

所谓正切法，也就是负坡掘进，沿掘进方向煤层呈下坡趋势进行截割。这种情况截割时，需要采煤机在进刀时从煤层顶部自上而下开始截割。利用采煤机的重心前移和截割部的自重，增大割煤速度，割煤省力、平稳，对机器的损害比较小；在截割头从顶部运行到底部时采煤机往前稍走一点，为下一个截割循环控制前进的坡度方向。

2. 负切法

与正切法相反，负切法是上坡掘进，沿掘进方向煤层呈上坡趋势进行截割。这种情况截割时，如果仍从煤层顶部进刀，由于煤层下坡，采煤机重心后移，进刀时由于煤壁的反作用力，使采煤机不稳定、抖动，造成进刀困难，损害机器；如果从煤层底部进刀时就克服上述缺点，可在截割头从底部运行到顶部时采煤机往前稍走一点，为下一个截割循环控制一下坡度方向。

3. 侧切法

侧切法主要是在采煤机采垛切割右帮时运用，由于采煤机扫帮时，截割头一半在割煤，另一半空转，煤壁对它的侧向反作用力非常大；侧向反作用力的大小与采垛宽度、煤层硬度等有关。按正常截割方法扫帮时，采煤机正对待扫煤壁，由于煤壁的侧向反作用力，使得采煤机逐渐向左偏移，扫帮宽度越来越小，巷道不够宽；如果一开始扫帮时就把采煤机与待扫煤壁保持一定角度，而不是平行于煤壁，一般留 3°~5°，扫帮时煤壁的侧向反作用力使得采煤机逐渐走正,保持扫帮宽度不变,保证了巷道总宽度达到设计要求。

4. 软底板掘进法

当掘进底板软化严重时,采用留底煤方法掘进。如果煤层厚度受到限制,不能留底煤时,掘进就得有效地控制采煤机用水,严格做到开机开水、停机停水;加大工作面排水力度,尽可能地控制人为的水流到底板上;加快推进速度,使设备碾压底板的次数相对减少。

5. 破碎顶板掘进法

掘进时顶板破碎易垮落时,采用留顶煤方法掘进。如果煤层厚度受到限制,不能留顶煤时,采用切槽时先预留一部分顶煤,利用煤层的自承重力来暂时维护顶板,在采垛时利用采煤机轻轻将顶煤扫掉,一般情况下,破碎顶板下的煤层与顶板的黏结性非常差,很容易被扫下来。

课题二　接运煤工序

一、运输设备接运煤

接运煤是连采的重要工序之一,其实质就是利用运输设备将采煤机截割下来的煤炭运往破碎机或经过连运系统运往输送带上。煤炭运输与截割过程是同时进行的。根据运输方式不同,分为梭车、运煤车配套运输或连续运输。

(1)梭车、运煤车配套运输。在采煤机截割煤体时,梭车或运煤车紧跟采煤机,依靠采煤机的输送机将破碎的煤炭装入梭车或运煤车后运至破碎机上,经过二次破碎后转载至带式输送机运到地面。

(2)连续运输。在采煤机截割煤体时,由后面配套的四五台梭车接运煤,可伸缩的运煤跨骑将采煤机输送机破碎后转载出来的煤炭通过二次破碎后转入输送带运输至地面。

从采煤机到带式输送机的不同运输方式,确定了施工工艺的不同。梭车、运煤车配套运输只是在交会点处设备相互调机,其余地段只有单机运输,所以对巷道断面要求不严,巷道宽度为4.2~5.0 m。连续运输因跨骑有一部分与输送带重合并列,所以要求巷道断面的宽度在5.4 m以上。

二、梭车、运煤车司机与采煤机司机的配合

图10-5所示为连采工艺所用的梭车。梭车是井下短距离(小于200 m)运煤用车,为综采机械化连采设备。因车身拖着一根长的电缆,由两台牵引电动机提供动力,在连续采煤机和给料破碎机之间来回穿梭装煤和卸煤,故称为梭车。连续采煤机在截割煤体时,梭车或运煤车要紧跟在采煤机后面,这就需要采煤机司机和梭车与运煤车司机紧密配合。梭车与运煤车在接煤过程中,始终与采煤机保持适当的距离,一般在0.6~1 m。距离远时,采煤机在装煤时易撒煤。距离近时,容易挤伤采煤机电缆和水管而且易与采煤机产生碰撞,影响采煤机正常截割。当采煤机将梭车或运煤车装料斗的前半部

图10-5　梭车

分装满时，梭车司机要及时将梭车刮板开启，运煤车则慢慢收回料斗，将煤向后移动，使梭车与运煤车逐步装满。装满时，梭车与运煤车司机要及时给采煤机司机发出信号，采煤机司机接到信号后停止装煤，梭车或运煤车司机在停止装煤后运至破碎机卸载。

课题三 支 护 工 序

支护的目的是使巷道在掘进与今后的生产中，不发生垮落、冒顶，确保人员与设备在此期间安全可靠。连采的支护主要有顶板支护和巷帮支护。

一、顶板支护

顶板支护是连采最重要的支护方式。

1. 锚杆支护

锚固方式：树脂加长锚固，采用两支锚固剂，一支规格为 K2335，另一支规格为 Z2360；钻孔直径：28 mm；锚固长度：1300 mm；锚杆角度：靠近巷帮的顶板锚杆安设角度与垂直线成 30°，其余与顶板垂直；金属网规格：铺联网时，要求拉直拉紧，两头对齐，用 4 股 18 号铁丝按不大于 100 mm 的间隔连接牢固。靠近帮上的一根顶锚杆距巷帮 250 mm。

2. 锚索支护

一般采用 ϕ22 mm 的锚索（长 7300 mm）锚固，采用 3 支低浓度锚固剂，1 支规格为 K2335（先放），另 2 支规格为 Z2360（后放）。布置在距巷帮 1600 mm 处的顶板上。利用锚杆机搅拌树脂药卷。树脂药卷搅拌是锚杆安装中的关键工序，要求搅拌过程连续进行，中途不得间断。搅拌时间按厂家要求严格控制，一般是 20 ~ 25 s。停止搅拌但保持钻机推力等待 41 ~ 80 s 降下钻机，等待 80 ~ 180 s，拧紧螺母托盘。利用锚杆机拧紧螺母，使锚杆具有一定的预紧力。拧紧力矩应达到 120 N·m，检查锚杆预紧力必须使用力矩扳手。顶锚杆间距按钢筋托梁眼距布置，排距及误差不超过 ±100 mm。锚杆外露长度不大于 50 mm。

二、巷帮支护

1. 锚杆的基本参数

锚固方式：树脂端部锚固，采用一支锚固剂，规格为 Z2360；锚固长度：860 mm；钻孔直径：28 mm；锚杆角度：靠近顶板的巷帮锚杆安设角度为与水平成向上 10°，其余与巷帮垂直。

2. 连金属网要求和规格

铺联网时，要求拉直拉紧，两头对齐，用 4 股 18 号铁丝按不大于 100 mm 的间隔连接牢固，联网扣数不少于 3 圈。锚杆布置：起锚高度 800 mm，靠近顶上的一根帮锚杆距顶板 300 mm。利用锚杆机拧紧螺母，使锚杆具有一定的预紧力。拧紧力矩应达到 80 N·m，检查锚杆预紧力必须使用力矩扳手。

三、支护具体操作

支护工序是连续采煤机掘进工艺流程中必不可少的重要而且耗时最多的一道工序，是确保连采工作面顶板安全的重要保障。支护工序的快慢是实现连采高产高效最有效的途径，因此无论工作面围岩条件如何，必须采取有效的支护形式，确保连采快速安全掘进。连采工艺主要采用锚杆支护，具体操作如下：

（1）调整激光。为提高支护质量，严格按支护的设计尺寸施工，以激光射线来确定锚杆间距方向。

（2）定位。将锚杆机（图10-6）前移，使钻眼位置距离已支护的锚杆达到设计值时，升起工作台顶棚，以顶棚与巷道顶板贴紧为宜；放下工作台侧护板，伸出顶棚两侧临时支撑板，按照激光射线调整好钻箱方位，使钻箱升降杆与激光射线和顶板保持垂直方向；升起临时支撑，在钻杆上标出钻进深度，准备钻眼。

（3）钻眼。当钻杆达到高度时可直接在钻箱上钻眼。当钻杆高度不够时需在钻箱上安装加长杆，轻轻动作给进钻杆，使钻头顶到临时支撑架中央，并在顶板上顶出小窝后慢速操作多路换向阀进行钻眼，当钻眼深度达到短钻杆长度后，边旋转边退出钻杆，更换长钻杆，继续完成钻眼深度后退出钻杆，然后准备下步工作。

（4）安装钢带。降下临时支撑架，将事先准备好的钢筋钢带沿钻眼位置横放在临时支撑架上并顶到顶板上。

（5）安装锚杆。将搅拌器放入钻箱的卡盘内，准备好锚杆；给打好的钻眼内装入设计需要的树脂，并用锚杆将树脂顶入钻眼中部，使锚杆尾部套入搅拌器上端，然后慢速旋转并推进锚杆树脂。

图10-6 气动式锚杆机

（6）搅拌树脂与固化剂。操作给进阀，慢慢升起钻箱将锚杆及树脂药卷送入孔底，在距眼底约200 mm深度时，开始搅拌。根据树脂材料不同，搅拌时间为15~20 s，待树脂搅拌均匀开始凝固时，迅速升起钻箱，使托板紧贴顶板，停留10 s后降下钻箱，取下搅拌器，完成搅拌树脂工序。

（7）紧固锚杆。待所打锚杆的树脂达到初凝时间约5min后，用锚杆专用扳手将锚杆螺母紧固，达到设计的扭矩值。

（8）退机。重复上述作业步骤，直至将巷道空顶全部支护完毕，退机到另一个空顶的巷道继续支护。

课题四　协调作业和连采适用条件

一、连采协调作业

1. 人员配备

生产班作业人员按照生产需要有采煤机司机、运煤车司机、锚杆机司机、破碎机司机、跟班电工、跟班钳工等。生产班的任务是按照设计要求，掘进出合格或优良的巷道，同时也伴生出一些辅助工序，完成这些辅助工序是组织正常生产的前提。

2. 作业人员互相协调

生产班应按截割、运输、支护等施工工序重复进行规范化作业，完成巷道掘进的全部工作。在作业过程中，各工种之间的互相配合非常重要，具体如下：

（1）采煤机司机应在梭车或运煤车停稳接煤时，立即开始转载装煤，梭车或运煤车要及时返空到采煤机后面等待装煤。使用连运系统时，采煤机与梭车及运煤车之间的前进与后退要步调一致，启车与停车要按规定的顺序进行，以提高采煤机的工作效率。

（2）锚杆机与连续采煤机顺序作业，锚杆支护速度尽可能超前采煤机截割的循环时间，当采煤机撤出截割巷道时，锚杆机可立即进入已截割出的空顶巷道内进行支护。

（3）铲车司机应及时开动铲车利用调机间隙清理巷道浮煤、浮矸，并且准备好工作面所需要的各种材料；带式输送机机尾看护人员要保证破碎机与连运系统的正常卸煤，并及时清理撒落的煤炭，确保生产的连续性。

（4）各工种作业人员应互相协调，在保证安全的前提下全面安排平行作业，充分利用工时来提高生产效率。正常生产过程中必须按规程规定的正规循环作业。对于特殊地质构造段，要短掘短支，确保工作面安全生产和设备高效运转，实现稳产、高产。

二、连采工艺的优缺点及适用条件

1. 连采工艺的优缺点

连采工艺的优点：①设备投资少，一般连采工作面的机械化采煤设备的价格为长壁综采工作面的1/4；②可实现采掘合一，出煤快；③设备运转灵活，搬迁移动快；④巷道压力小，便于维护，支护简单，可用锚杆支护顶板；⑤由于连采大部分为煤层巷道，故矸石量少，可在井下处理不外运，有利于环境保护。

连采工艺的缺点：①采区采出率低，一般为50%，如果回收煤柱可达到70%或75%；②通风条件差，进回风并列布置，通风构筑物多，漏风量大，采房及回收煤柱时，出现多头串联通风。

2. 适用条件

连采工艺的适用条件是：①开采深度较浅，垂直深度一般不超过300~500 m；②顶板稳定的薄及中厚煤层；③倾角在10°以下，最好为近水平煤层，煤层赋存稳定，起伏变化小，地质构造简单；④底板较平整，且顶板无淋水的低瓦斯煤层，煤层不易自然发火。

📖 复习思考题

一、填空题

1. 连采工艺是_____工艺的简称，是由连续_____和_____交替进行掘进和支护作业的一种采煤工艺。

2. 生产班岗位按照生产需要有：_____、运煤车司机、_____、破碎机司机、跟班电工、跟班钳工等。

3. 司机在激光指向仪的导向下，确定连续采煤机的进刀位置，先在巷道的一侧掘进，按照巷道尺寸截割深度达循环进度后退机，这一工序称为_____工序。

4. 连续采煤机退出，调整到巷道的另一侧，再截割剩余的煤壁，使巷道掘至所要求的宽度和循环进度，这一工序称为_____工序。

5. 紧固锚杆，待所打锚杆的树脂达到初凝时间_____后，用锚杆专用扳手将锚杆螺母紧固。

二、问答题

1. 如何安装锚杆？

2. 简述连采工艺的优缺点。

3. 连采工艺的适用条件是什么？

4. 梭车、运煤车司机与采煤机司机怎样配合？

5. 什么是连采切入煤体的正切法和负切法？

项目十一　其他采煤工艺

【学习目标】

1. 了解倾斜分层上行水砂充填 V 形倾斜长壁采煤法的工艺过程。
2. 熟悉并掌握伪倾斜柔性掩护支架采煤法的回采过程及注意事项。
3. 熟悉倒台阶采煤法的具体回采过程。
4. 了解煤炭地下气化法的种类及简单的气化过程。

由于我国煤层赋存条件多样化，生产技术与管理水平发展不平衡，各地区应根据本地区的地质与生产条件、技术装备水平和职工的技术素质，选用相应的采煤工艺。

课题一　水力采煤工艺

水力采煤是指利用水力来完成矿井生产中采煤、运输、提升等生产环节的全部或部分工作的开采技术，简称水采。

水采矿井按其生产系统的水力化程度可分为全部水力化矿井和水旱结合的部分水力化矿井两种类型。全部水力化矿井的绝大部分产量都是利用水力来完成的。按其煤的运提方式不同又可分为全部水力采、运、提的水力化矿井和分级运提的全部水力化矿井。水旱结合的部分水力化矿井仅部分产量是利用水力完成的。它包括水旱两套生产系统的矿井和用水力完成部分生产环节的矿井两种。

水采生产系统主要包括高压供水系统、煤水运提系统和脱水系统。

我国水采井（区）中，目前普遍采用短壁无支护水力采煤法。这种采煤法中常用的是倾斜短壁式（漏斗式）采煤法和走向短壁式采煤法。

一、倾斜短壁式采煤法

1. 采准巷道布置

倾斜短壁式采煤法采准巷道布置如图 11 - 1 所示。

2. 回采工艺

水采工作面的采煤工序包括水力落煤，拆移水枪、管道及溜槽，支设护枪支架及重新安设水枪等。

1）水力落煤（落垛）

在进行水力冲采时，水枪受其有效射程及顶板允许暴露面积等因素的限制，需经常拆移。水枪每拆移一次在巷道一侧能冲采的范围称为煤垛。冲采煤垛的工作称为落垛。每次拆移水枪的距离称为移枪步距。

煤垛参数是无支护水采法的一个重要基础参数，它主要包括煤垛的宽度（移枪步距）、煤垛的长度和煤垛的最终冲采角（参见图 11 - 2）。不同的煤垛参数会直接

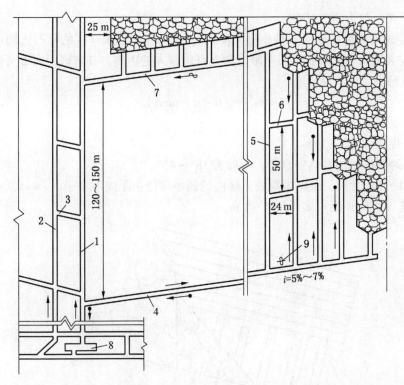

1—煤水上山；2—轨道上山；3—上山联络巷；4—区段运输巷；5—回采眼；
6—回采眼联络巷；7—区段回风巷；8—煤水硐室；9—局部通风机

图 11-1 倾斜短壁式采煤法采准巷道布置

影响破煤效率及回采率等，因此合理确定煤垛参数十分重要。影响煤垛参数的因素除水枪的有效射程、煤层顶板稳定性外，煤的硬度、厚度及矿压等对其也有较大影响。

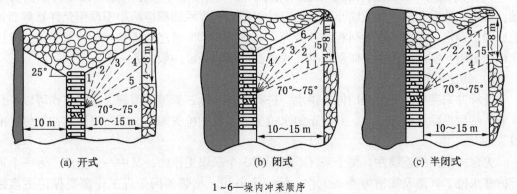

(a) 开式　　　　　　(b) 闭式　　　　　　(c) 半闭式

1~6—垛内冲采顺序

图 11-2 倾斜短壁式采煤法落垛顺序示意图

倾斜短壁式采煤法的煤垛参数一般按下列原则和步骤确定：

（1）确定煤垛的最终冲采角。合理的最终冲采角既要保证垛内煤水能通畅外流（即煤垛下帮边界线必须有 7% ~10% 以上的坡度），又要减少三角煤滞煤量。最终冲采角不宜过大或过小，过大时易造成煤水外流不畅，而过小时会导致三角煤滞煤量的增加。较适宜的最终冲采角一般为 70°~75°。

（2）确定煤垛的最小宽度（最小移枪步距）。为防止来自采空区的矸石压埋水枪，最小移枪步距应大于采空区矸石在回采眼方向上可能窜入的距离。其窜矸距离 L 可按下式求得（图 11-3）：

$$L = m[\cot(\beta - \alpha) - \tan\alpha] \qquad (11-1)$$

式中　m——煤层厚度，m；

　　　α——煤层倾角，（°）；

　　　β——垮落矸石的自然安息角，一般为 38°~45°。

按式（11-1）计算，倾斜短壁式采煤法的最小移枪步距应不小于 3~4 m，实际应用中煤垛的宽度（移枪步距）多采用 4~8 m。

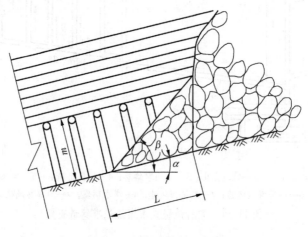

图 11-3　窜矸距离示意图

（3）确定煤垛的长度。煤垛的最大允许长度一般以最小移枪步距和最终冲采角为基础，按最大冲采距离等于或略小于水枪有效射程以及煤垛面积应略小于顶板允许暴露面积的原则来确定。水枪的有效射程和顶板允许暴露面积都应考虑地质条件、技术条件及矿压作用的影响。实际应用中，倾斜短壁式采煤法的煤垛长度一般为 8~15 m。

2）其他辅助工序

煤垛冲采完毕，关闭阀门停止供水，进行拆移水枪、管道及溜槽，这些工作可以平行作业。然后拆除原护枪支架，并在新的水枪位置支设护枪支架，为下一煤垛的冲采做好准备。

为保持生产的连续性，每个采区一般配置 3 个采煤工作面，其中一个生产，另一个进行拆移水枪、管道及溜槽等准备工作，第三个备用。相邻的两采煤工作面要保持适当错距，其错距的选定既要考虑有利于防止两工作面相互影响及充分利用矿压的作用采煤，又要避免回采眼维护困难，其错距一般取 8~15 m。

二、走向短壁式采煤法

走向短壁式采煤法在我国水采井（区）中应用最为广泛，常用于倾角较大的缓倾斜、倾斜和急倾斜煤层的开采。

1. 采准巷道布置

缓倾斜煤层走向短壁式采煤法采准巷道布置如图 11-4 所示。

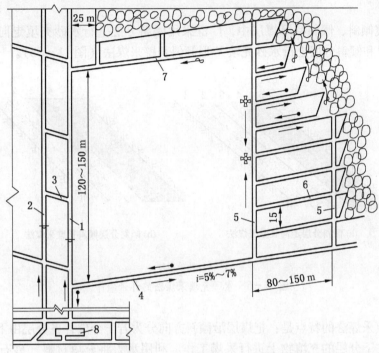

1—煤水上山；2—轨道上山；3—上山联络巷；4—区段运输巷；5—分段上山；

6—回采巷；7—区段回风巷；8—煤水硐室

图 11-4 缓倾斜煤层走向短壁式采煤法采准巷道布置

2. 采煤工艺

该法的回采工艺与倾斜短壁式采煤法相似。其落垛顺序也分为开式、闭式、半闭式三类（图 11-5）。

煤垛参数的确定原则和步骤与倾斜短壁式采煤法相同。实际应用中，煤垛宽度（移枪步距）一般为 4~8 m，煤垛长度（回采巷间距）为 10~15 m，最终冲采角（θ）为 65°~75°。

采区内一般也配置三个采煤工作面轮流生产，相邻两采煤工作面错距一般为 8~15 m。

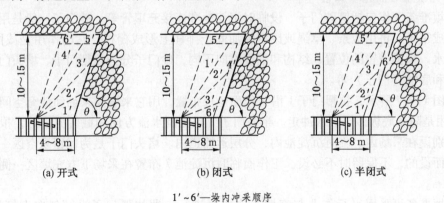

(a) 开式   (b) 闭式   (c) 半闭式

1'~6'—垛内冲采顺序

图 11-5 走向短壁式采煤法落垛顺序示意图

课题二 水砂充填采煤工艺

在开采缓倾斜、倾斜特厚煤层中，广泛采用倾斜分层上行水砂充填走向长壁采煤法（图11-6a）和倾斜分层上行水砂充填V形倾斜长壁采煤法（图11-6b）。

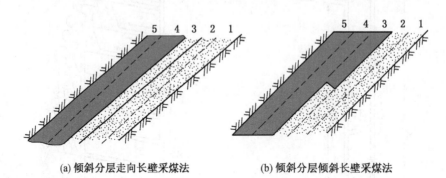

(a) 倾斜分层走向长壁采煤法　　　(b) 倾斜分层倾斜长壁采煤法

1~5—开采顺序

图11-6　水砂充填采煤法的开采顺序

水砂充填采煤法的特点是：把煤层沿倾斜方向分为若干分层，各分层由下而上进行回采，上分层在下分层的充填物上进行采煤工作。利用水力将充填材料（砂石）通过管道输送到井下采空区，脱水后砂石留在采空区直接支撑顶板，废水流出采空区，排到地面重复使用。

一、倾斜分层上行水砂充填走向长壁采煤法回采工艺

目前我国的水砂充填工作面大部分采用运、支工艺（与垮落法相同）。但由于采用全部充填法控制顶板，采场的矿压活动不明显，基本上没有周期压力，支撑压力较小，顶板移动及下沉量较小。所以，工作面控顶距离可以适当加大，支护密度可以减小，能够采用点柱等简单支护方式，但增加了充填工艺和污水处理等程序。

1. 充填准备及充填工艺

充填准备工作包括钉砂门子、设临时沉淀池和连接充填管等。砂门子一般是用秫秸等材料制成帘子，再用板条、草绳或废钢绳加固于排柱上形成栅栏。它的作用是截留砂浆、滤出废水。根据设置的位置、结构和铺设方向不同，砂门子分为拉帮门子、堵头门子、半截门子和底铺（门子）等。

如图11-7所示，拉帮门子1沿工作面全长布置，用它来隔离采场和待充空间。底铺3的作用是防止底板砂子被水冲走。半截门子2是控制水流方向和截留泥砂的，根据不同需要分别设在采场内、临时沉淀池内、分层运输道内。堵头门子是为保留采空区一侧的运输平巷而设的，不保留时不必设。工作面临时沉淀池7布置在采场下方充填区一侧，斜长15~25 m。

充填准备可采用平行作业与充填工作同时进行，即拉帮门子沿倾斜向上钉好30~40 m后即可接管子充填。

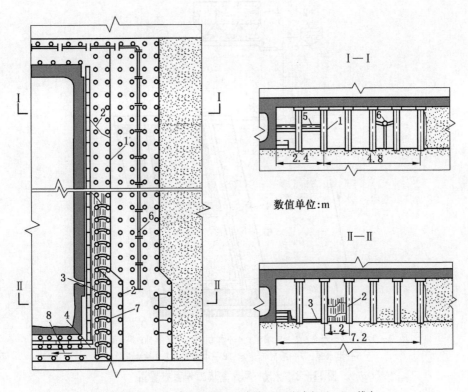

1—拉帮门子；2—半截门子；3—底铺；4—顺水门子；5—撑木；
6—充填管；7—临时沉淀池；8—水沟

图 11-7 倾斜分层上行水砂充填走向长壁采煤法工作面布置

2. 充填作业方式

采煤与充填的配合方式有两种：一种是轮换式，即回采与充填分别在不同工作面进行，此时回采工作面与充填工作面个数称为轮换比；另一种是平行式，即回采与充填同时在一个工作面进行。

平行作业的优点是：工作面利用率高；机电设备利用率高；工作面推进速度快，减少了空顶时间；可降低材料消耗；巷道维护量少；生产管理集中等。缺点是：煤水分离问题不易解决；要求有较好的顶板条件；采场中工序多，人员多，相互干扰。所以，若想搞好采填平行作业，首先需要解决煤水分离问题。使煤水分离的办法有：加大控顶距，在落煤空间与充填空间加设流水道；保留采空区一侧的运输平巷，使煤水背流；工作面调角 $5° \sim 8°$。

充填废水的处理是这种采煤方法应解决的一项技术关键。除上述几种方法外，国外有采用水力输砂－风力充填方法的，效果较好。图 11-8 所示为苏联的水力－风力充填工作面布置图。其特点是：充填材料的输送分两个过程，即从地面到工作面回风道用管路借助水力输送；而从回风道至采空区用管路借助风力输送，最后用风力充填。它集中了水力输送与风力充填各自的优点，即长距离利用水力输送费用低，而风力充填可避免废水引起的麻烦。但增加了风力充填设备，耗电量大，也增加了设备维护及搬运工作。

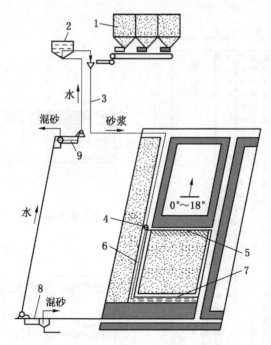

1—砂仓；2—水仓；3—充填管；4—水力、风力充填机；5—配水管；
6—排水道；7—采区沉淀池；8—中转泵站；9—排水站

图 11-8　水力-风力充填工作面布置图

二、倾斜分层上行水砂充填 V 形倾斜长壁采煤法

由于工作面沿走向布置成 V 形且沿倾斜向上推进称其为倾斜分层上行水砂充填 V 形倾斜长壁采煤法，属于倾斜长壁采煤方法的一种形式，如图 11-9 所示。

在 V 形采煤工作面，曾多次试验普采，但由于仰斜角度大等原因，至今未能实现，而仍沿用炮采。如前所述，工作面运煤用水运或用轻便的 6 kW V 形输送机，输送机的拆装搬运均较方便。

工作面支护采用带帽点柱或一梁二柱顺山棚子，棚距 1 m。最大控顶距为 3.6 ~ 4.2 m，最小控顶距为 1.2 ~ 1.8 m，充填步距为 1.8 ~ 2.4 m。采用两采一充、昼夜一循环的工作制度。

V 形工作面的充填准备工作与走向长壁工作面基本相同，也要铺设各种砂门帘子。在抚顺除使用秫秸帘外，还使用一种塑料砂门帘子（用低压聚乙烯、聚丙烯扁丝织成的网）。这种帘子抗拉强度大，便于搬运和操作，减轻了体力劳动，简化了井上下运输及管理工作，节省了费用。缺点是强度低，怕炮崩，怕利器刮割，易发生鼓肚。

与倾斜分层上行水砂充填走向长壁采煤法相比，倾斜分层上行水砂充填 V 形倾斜长壁采煤法的充填准备工作简单，工程量少，节省材料，事故少，采区产量高，在采区内可同时安排数个工作面生产。但它的巷道系统复杂，通风路线曲折，运输巷及管子道维护较困难。一般在倾角 20° ~ 45° 的特厚煤层，地质条件复杂，走向断层较多时，可采用此采煤方法。

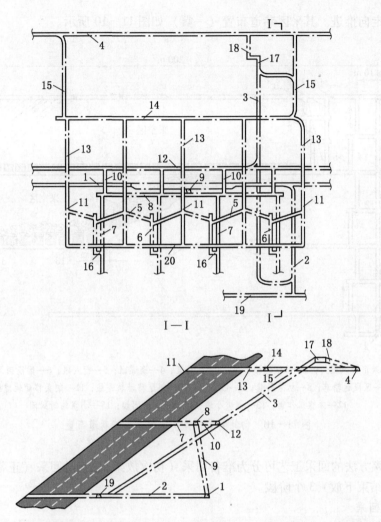

1—阶段运输大巷;2—采区运输石门;3—材料上山;4—阶段回风大巷;5—采煤工作面;6—分层运输巷;7—运输煤门;8—区段带式输送机平巷;9—阶段回风大巷;10—联络石门;11—分层回风管子道;12—区段集中平巷;13—回风煤门;14—区段回风平巷;15—采区回风石门;16—溜煤斜巷;17—绞车房;18—回风联络巷;19—二区段带式输送机平巷;20—区段1组底分层开切平巷

图 11-9 倾斜分层上行水砂充填 V 形倾斜长壁采煤法采区巷道系统

课题三 急倾斜采煤工艺

根据煤层厚度,急倾斜煤层的开采方法差别较大。以下仅重点介绍伪倾斜柔性掩护支架采煤法、倒台阶采煤法、仓储采煤法的回采工艺。

一、伪倾斜柔性掩护支架采煤法

这种采煤法是用柔性支架把采空区与回采空间隔开,随着工作面推进,掩护支架靠自重和上部垮落矸石的压力推动而下移。工作面为直线形,与煤层走向成 25°~30° 的伪倾斜布置并沿走向推进。其采区巷道布置（一翼）如图 11 - 10 所示。

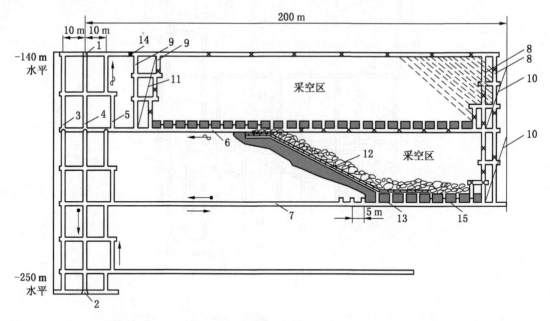

1—采区回风石门；2—采区运输石门；3—运料眼；4—溜煤眼；5—行人眼；6—区段回风巷；
7—区段运输巷；8—初采斜巷；9—收作眼；10—架尾移动轨迹线；11—架头移动轨迹线；
12—采煤工作面；13—溜煤小眼；14—永久封闭墙；15—小眼临时封闭
图 11 - 10　伪倾斜柔性掩护支架采煤法巷道布置

这种采煤方法的回采工艺可分为准备回采（初次放架）、正常回采（正常放架）和收
尾或收作（结束下放）3 个阶段。

1. 准备回采

主要是在回风巷内安装掩护支架，并逐步下放支架使工作面成伪斜工作面，为正常回
采做准备。安装支架前，应先将回风巷扩大到煤层顶底板，并从初采斜巷以外 5 m 处开始
挖地沟。地沟呈倒梯形，断面如图 11 - 11 所示。地沟挖好一段后，即可安装掩护支架。
其一端紧靠顶板并垫高，使梁有 3°~5° 的倾斜，便于连接钢梁和钢丝绳，而且也有利于
支架下放改为伪倾斜时转动方便。钢梁从初采斜巷以外 3~5 m 处就开始铺设。钢丝绳和
钢梁用螺栓和夹板连接好一段距离后，就可以在钢梁上铺竹笆。随着铺梁，不断地挖地沟
并接长钢丝绳。钢丝绳接头处的搭接长度应不小于 2 m，并用 5 个绳卡夹紧，防止支架受
力后绳头滑脱。连接钢梁和钢丝绳时，应注意将绳拉紧，各条钢丝绳的拉紧程度要力求一
致。掩护支架安装超过一段距离后，将平巷的支架拆除，使上面的煤柱自行垮落或爆破崩
落，使掩护支架上面有 2~3 m 厚的煤、矸垫层，用于保护掩护支架。为了防止支架在下
放过程中下滑，应使煤和矸石垮落点距伪斜工作面上部拐点的距离经常保持在 5 m 以上。
支架安装长度超过 15 m，冒好矸石垫层以后，即可调整支架下放，使支架的尾端（安装
支架的一端为支架头部）由水平状态逐步调斜下放，支架与水平面成 25°~30° 的夹角。
在支架下放到工作面下端时，再调整回水平位置，如图 11 - 12 所示。

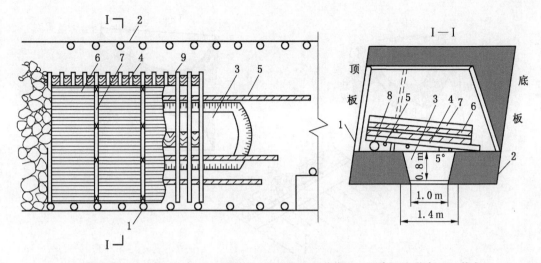

1—顶板；2—底板；3—地沟；4—钢梁；5—钢丝绳；6—竹笆；7—压木；8—垫木；9—撑木

图 11 - 11　掩护支架安装

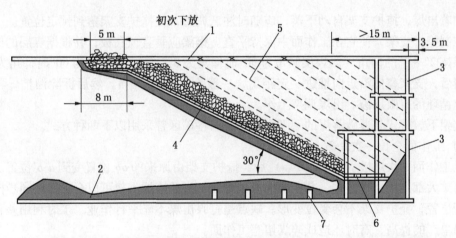

1—区段回风巷；2—区段运输巷；3—初采斜巷；4—掩护支架；5—支架移动轨迹线；

6—支架放平位置；7—溜煤小眼

图 11 - 12　掩护支架的调斜

2. 正常回采

在正常回采阶段，除了在掩护支架下采煤外，同时要在回风巷接长支架，并在工作面下端支架放平位置拆除一段支架。掩护支架下采煤包括打眼、装药、爆破、铺溜槽出煤及调整支架等项工作。炮眼布置根据架宽和煤的硬度来定。在架宽为 2 m 或 2 m 以下时，仅布置单排地沟眼即可，眼距为 0.5~0.6 m，眼深为 1.2~1.6 m；架宽为 2~3 m 时，打双排地沟眼，眼距和眼深同上，排距为 0.4~0.5 m，如图 11 - 13 所示；架宽在 3.0 m 以上，顶底板侧煤质又较硬时，应增加帮眼，帮眼的水平位置是支架下放后的位置，炮眼深度以不超出支架的两端为限。

工作面爆破后，自下而上铺设溜槽，煤装入溜槽自溜到下部运输巷中。

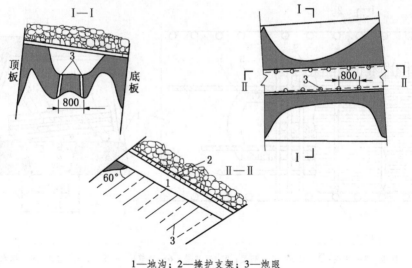

1—地沟；2—掩护支架；3—炮眼

图 11 - 13　双排炮眼布置

随着出煤，掩护支架自动下落，应随时注意调整，使掩护支架落到预定位置。一般用点柱控制掩护支架，使它在工作面中保持平直。钢梁应垂直顶底板，并根据煤层的倾角不同而保持 2°～5°的仰角（当煤层倾角为 90°时仰角为 0°，当煤层倾角为 60°时仰角为 5°）。煤出清后，支架整体沿走向推进一定距离，一般为 0.8～0.9 m。然后拆除溜槽，再进行下一个循环的打眼爆破、出煤调架工作。

支架下放方式与爆破落煤的顺序有关，我国各矿区曾采用以下两种方式。

1）工作面全长一次爆破

全工作面一次爆破（图 11 - 14a）后，掩护支架由原来的 ab 位置变到 a'b'位置。淮南矿区各矿大都应用这种方式。其主要优点是爆破出煤后掩护支架可以全工作面同步向下滑移到新位置，掩护支架不会受拉变形。缺点是打眼出煤不能平行作业，工时利用差，影响工作面单产的提高，有时还造成碎煤堵塞工作面。

2）工作面分段爆破

开滦马家沟、赵各庄等矿采用自下而上分段爆破的方式。工作面上下段可以交替打眼爆破出煤，使工作面的工时利用比较合理。缺点是放架时形成了图 11 - 14b 所示的情况，下段爆破出煤之后，掩护支架将由 ab 位置变成 acde 位置，支架受拉易变形损坏。

在工作面回采的同时，同样要在回风巷中不断接长掩护支架，以便连续回采。

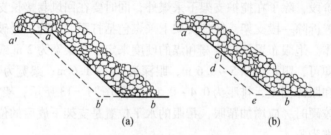

图 11 - 14　支架下放时长度的变化

随着工作面向前推进，要及时拆除掩护支架下端的一段支架。拆除支架的方法如图11-15所示。

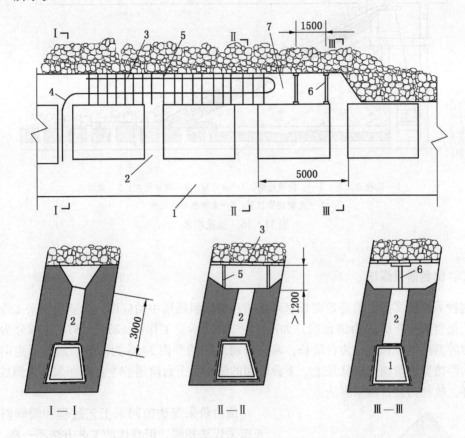

1—区段运输巷；2—溜煤眼；3—钢梁；4—钢丝绳；5—点柱；6—放顶点柱；7—支架放平处

图11-15 掩护支架回收

在工作面下端掩护支架放平处，将巷道断面扩大，露出钢梁两端，并及时打上点柱托住钢梁，应使支架下面的空间保持有1.2 m以上的高度，以便于拆架时工人进行操作。卸掉螺栓，将钢丝绳经过小眼拉到运输巷内，然后拆除点柱，回收钢梁。将回收的钢丝绳和钢梁经采区运料眼运回支架安装地点，重复使用。

3. 收尾

当工作面推到区段终采线前，在终采线靠工作面一侧掘进两条收作眼，两眼相距8～10 m，并沿倾斜每隔5 m用联络巷连通。支架安装到收作眼处，不再继续接长，然后利用收作眼将支架前端逐渐下放，即逐渐减小工作面的伪倾斜角度，并拆除上端多出的一段支架，最后使支架下放到回收支架处的水平位置。用上述拆除支架的办法，把支架全部拆除，如图11-16所示。在拆除支架过程中应始终保持掩护支架落平部分与区段运输巷不少于3个溜煤眼相通，以满足通风行人和回收掩护支架的需要。但最多不超过5个溜煤眼，避免压力过大给拆除掩护支架造成困难。

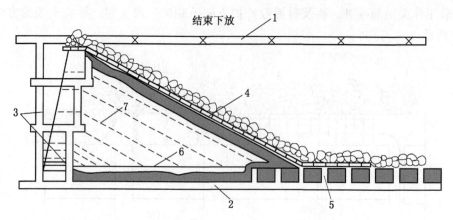

1—区段回风巷；2—区段运输巷；3—收作眼；4—掩护支架；5—溜煤眼；
6—支架放平位置；7—支架移动轨迹线

图 11－16　回采收尾

二、倒台阶采煤法

这种采煤法实质上就是走向长壁采煤法在急倾斜煤层中的应用。为避免回采工作上下影响，把直线工作面改为倒台阶，如图 11－17 所示。工作面 1234、5678 等部分为台阶面，台阶面沿倾斜长度称为台阶长，两台阶面之间的平面 3456 为阶檐，阶檐沿走向的长度称为阶檐宽，阶檐宽也就是上、下台阶面的错距。下台阶超前上台阶回采，像倒放的台阶一样，故称为倒台阶采煤法。

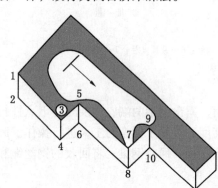

图 11－17　倒台阶工作面

倒台阶采煤法的回采工艺过程和缓倾斜煤层长壁采煤法相同，但具体的工艺方法不一样。

1. 落煤

一般采用风镐，一个台阶配备一台风镐，由 2～3 名工人负责落煤和支护。落煤一般从上隅角开始，然后逐次沿台阶面向下采，采下的煤沿溜煤板溜下（图 11－18 中 2）。每班工作面推进 2～4 排支柱。

2. 支护

支护工作很重要，不仅要防止顶底板滑动及煤矸冲击，而且要作为人工操作和人员上下的脚手架，因此支架必须坚固、牢靠。一般多采用木支架，为保证支架的稳定性，应采用平行工作面的倾斜棚子，棚梁上下对接，从上到下呈一直线，形成一整体，避免滑动。棚梁长一般为 1.2～2.0 m，一根梁下支设 2～3 根支柱，支柱直径一般为 10～14 cm。台阶面每前进 0.8～0.9 m 后，应立即架设一排支柱。底板松软时，应加底梁。顶板坚硬时，也可使用点柱。当回采工作面压力过大时，工作面上、下出口应架设木垛。为防止煤块伤人或抛入采空区，在工作面适当地点设置溜煤板。此外，在每个台阶的阶檐处设置护身板，防止煤壁塌落伤人。

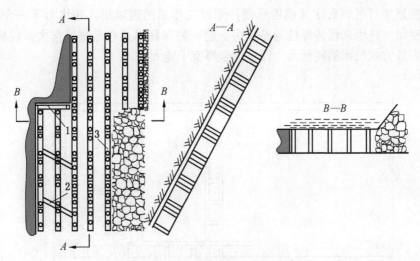

1—护身板；2—溜煤板；3—密集支柱

图 11-18 倒台阶工作面支护

3. 采空区处理

一般采用全部垮落法分段进行放顶工作，每个台阶面都保持 3~5 排支柱控顶，采用这种方法，控顶距离可减小，简化了回柱工作，保证了安全。

由于煤层倾角大，顶板垮落的岩石可自动下滑，放顶时可把上区段煤柱炸掉，利用上区段采空区碎石充填下区段回采工作面的采空区。采用这种方法，顶板下沉量小，工作面压力小，可改善回采工作面的顶板控制工作。

在开采急倾斜煤层群时，为了减轻或消除上、下层的采动影响，有时也采用全部充填法控制顶板。

三、仓储采煤法

仓储采煤法是我国较早用于开采急倾斜薄及中厚煤层的一种方法。其主要特点是，利用急倾斜煤层倾角大、煤炭可以自溜的特点，将采落的松散煤炭暂时储存在仓房内，然后有计划地将煤炭放出。根据仓房布置和采煤工作面推进方向不同，仓储采煤法主要有两种，即倾斜条带仓储采煤法和伪斜走向长壁仓储采煤法。前者工作面沿仰斜方向推进，后者沿煤层走向推进。

倾斜条带仓储采煤法巷道布置如图 11-19 所示。在区段范围内沿走向以一定宽度划分成若干仓房，每个仓房内有一个沿走向布置、仰斜推进的采煤工作面，采落的煤暂时储存在工作面下面的采空区内，临时支撑顶底板。

根据仓房沿走向的隔离方式不同，这种采煤方法的巷道布置有两种形式：一种是仓房间留煤柱，如图 11-19a 所示；另一种是仓房间不留煤柱，如图 11-19b 所示。使用前一种布置方式时，沿走向每隔一定距离开掘两条上山眼贯通区段运输巷和回风巷，用于工作面进风和行人。在回采过程中沿倾斜每隔 6 m 用联络巷将上山眼与仓房工作面贯通。当相邻仓房回采时，用此上山眼回风和运料。仓房间的煤柱宽度一般为 2.5~3.0 m。使用后一种布置方式，可以只在采区边界处开一条上山眼，作为回采第一仓房时回风用。随着工作面向上推进加打密集支柱（或框形棚）形成工作面的进风眼，并作为下一仓房的回风眼使用。密集支柱用来代替煤柱隔离仓房。前一种布置方式巷道掘进量大，煤炭损失多。但后一种布置方式坑木消耗量大，而且煤层厚度不能太大。

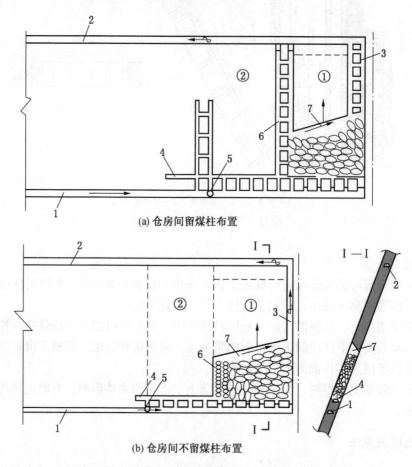

(a) 仓房间留煤柱布置

(b) 仓房间不留煤柱布置

①—1号仓房；②—2号仓房；1—区段运输巷；2—区段回风巷；3—回风巷；
4—辅助平巷；5—溜煤小眼；6—行人进风眼；7—采煤工作面
图 11-19　倾斜条带仓储采煤法巷道布置

采煤工作面一般采用爆破落煤。由于工人是站在碎煤上向上方煤壁打眼，为了防止煤壁片帮伤人，应使煤壁与水平面成 70° ~ 80° 的伪斜。在煤质较松软时，还应支设临时支柱或打木锚杆。爆破后，煤体松散膨胀，为了保持工作面有一定的工作空间和通风断面，每次爆破后需要将碎煤放出一部分（放出煤量一般为爆破后松散煤体的 25% ~ 30%），其余大量碎煤暂时存放在工作面下方的采空区内。

采煤工作面推进到距区段回风巷 4 ~ 5 m 处，将工作面拉平停止回采，留作区段回风巷的临时护巷煤柱。这一煤柱有时不需打眼爆破，即可在放仓前自行崩落，但是作为下一仓房回风用的上山眼，必须与回风巷贯通并加以支护。

第一仓房回采结束后，可依次在相邻的第二、第三……仓房内回采。为了保证仓房中回采工作顺利进行，通常不应放出相邻仓房中的存煤，而应在间隔有一个储煤仓房的仓房中放煤以免互相干扰。

这种采煤方法的适用条件是：顶板稳定，能暴露较大面积而不垮落，底板平整稳固不易滑脱，煤层倾角在50°以上；煤厚1～3 m，煤质较坚硬，层理、节理不太发育，不易自燃；煤层瓦斯含量不大，无淋水等。

课题四 煤炭地下气化工艺

一、煤炭地下气化的概念

煤炭地下气化是开采煤炭的一种新工艺。其特点是将埋藏在地下的煤炭直接变为煤气，通过管道把煤气供给工厂、电厂等各类用户，使现有矿井的地下作业改为采气作业。煤炭地下气化的实质是将传统的物理开采方法变为化学开采方法。

二、煤炭地下气化方法

气化方法通常可分为有井式和无井式两种。

有井式地下气化法如图11－20所示。首先从地表沿煤层开掘两条倾斜的巷道1和2，然后在煤层中靠下部用一条水平巷道将两条倾斜巷道连接起来，被巷道所包围的整个煤体就是将要气化的区域，称为气化盘，或称地下发生炉。

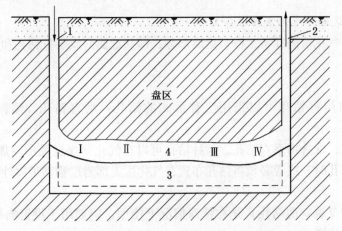

1—鼓风巷道；2—排气巷道；3—灰渣；4—燃烧工作面；
Ⅰ—气化带；Ⅱ—还原带；Ⅲ、Ⅳ—干馏－干燥带
图11－20 有井式地下气化法

无井式地下气化法是应用定向钻进技术，由地面钻出进、排气孔和煤层中的气化通道，构成地下气化发生炉，如图11－21所示。

有井式地下气化法需要预先开掘井筒和平巷等，其准备工程量大、成本高，坑道不易密闭，漏风量大，气化过程难以控制，而且在建地下气化发生炉期间，仍然避免不了在地下进行工作。

而无井式地下气化法是用钻孔代替坑道，以构成气流通道，避免了井下作业和有井式

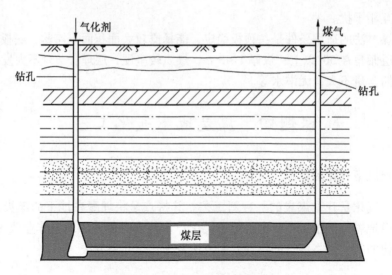

图 11－21　无井式地下气化法

地下气化的其他问题，使煤炭地下气化技术有了很大提高，目前它已在世界上被广泛采用。

三、无井式地下气化法的生产工艺

（一）无井式地下气化法的准备工作

无井式地下气化法的准备工作包括两部分，即从地面向煤层打钻孔和在煤层中准备出气化通道。

1. 打钻孔

从地面向煤层打钻孔可以采用三种形式的钻孔：垂直钻孔、倾斜钻孔和曲线钻孔。

一般情况下，常选用垂直钻孔。这种钻孔可以在气化薄煤层及中厚煤层时长期使用。当不能用垂直钻孔时，或者必须将钻孔布置在气化区上部岩层移动带以外时，就需要使用倾斜钻孔。

曲线钻孔（又称弯曲钻孔）是在特殊情况下使用，例如用于沿走向或沿缓倾斜煤层某一方向钻进气化通道。

2. 贯通工作

当钻孔钻至煤层后，在钻孔底部的煤层里准备出气化通道的工作叫作钻孔贯通工作。目前贯通方法有空气渗透火力贯通法、电力贯通法、定向钻进贯通法和水力压裂法。

（二）无井式地下气化法生产工艺系统

根据煤层赋存条件不同，其生产工艺系统也有差异。

1. 近水平煤层和缓倾斜煤层的地下气化生产工艺系统

对于近水平煤层和缓倾斜煤层，在规定的气化盘区内，先打好几排钻孔。钻孔采用正方形或矩形布置方式，孔距 20～30 m，如图 11－22a 所示。钻孔沿煤层倾向成排地布置，每排钻孔的数目取决于气化站所需的生产能力。

按作业方式不同，生产工艺系统可分为两种，即逆流火力作业方式和顺流火力作业方式。

1）逆流火力作业方式

如图 11-22b 所示，首先贯通第一排钻孔，形成一条点燃线。然后将第二排钻孔与此点燃线贯通，如图 11-22c 所示，贯通后即可进行气化。气化时向第二排钻孔鼓风，由第一排钻孔排煤气。

在气化第一、二排钻孔之间的煤层时，还要进行第二、三排钻孔间的贯通工作，如图 11-22d 所示。此项贯通工作应在第一、二排钻孔之间的煤层全部气化以前结束，以便按时向第三排钻孔鼓风，而由第二排钻孔排出煤气，如图 11-22e 所示。以后的火力作业顺序以此类推。

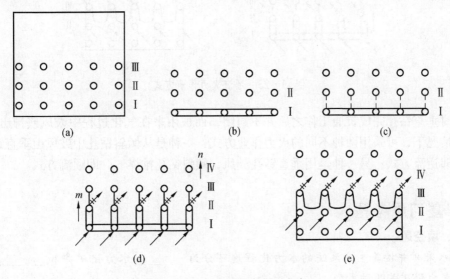

图 11-22 逆流火力作业方式

这种燃烧方式的特点是两个钻孔都按照下列顺序起三种作用：贯通、鼓风和排出煤气。这种方式煤层的气化方向与鼓风和煤气的运动方向相反，所以称为逆流火力作业方式。

2）顺流火力作业方式

其钻孔布置与逆流火力作业方式相同。气化开始前先将第一排钻孔贯通，如图 11-23a 和图 11-23b 所示。随后将第二排钻孔与第一排钻孔的点燃线贯通，如图 11-23c 所示，贯通后即可进行气化。气化时先由第一排钻孔鼓风，由第二排钻孔排出煤气，如图 11-23d 所示。第一、二排钻孔进行气化的同时，贯通第二、三排钻孔。当第一、二排钻孔间煤层气化所得的煤气热值降低到最低标准时，就开始把第三排钻孔投入生产。此时向第二排钻孔鼓风，而由第三排钻孔排出煤气，如图 11-23e 所示。余下以此类推。

顺流火力作业方式的特点是：煤层气化方向与鼓风和煤气运动方向相同。由于顺流火力作业方式能够利用煤气的余热，使煤层受到预热，因而能够改善气化过程，提高煤层气化程度，从而使煤层的生产成本降低。

2. 倾斜及急倾斜煤层的地下气化生产工艺系统

在倾斜煤层和急倾斜煤层中进行气化时，一般都采用垂直钻孔和倾斜钻孔相结合的布置方式。垂直钻孔间距为 10 m，用来贯通，贯通之后立即封闭，正式的气化工作由间距为 20 m 的倾斜钻孔来进行。

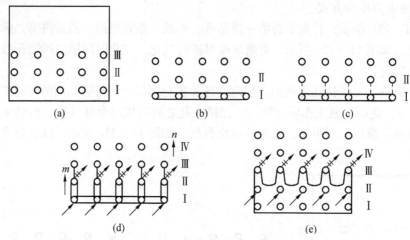

图 11-23　顺流火力作业方式

有时垂直钻孔完成贯通工作之后并不封闭，而被用来在气化过程中鼓风或排出煤气。在这种情况下，可采用两种不同的火力作业方式：一种是从倾斜钻孔中鼓风由垂直钻孔排煤气，即逆流方式；另一种是用垂直钻孔鼓风，倾斜钻孔排煤气，即顺流方式。

📖 复习思考题

一、填空题

1. 水采矿井按其生产系统的水力化程度可分为_____水力化矿井和_____结合的部分水力化矿井两种类型。

2. 根据煤层顶板条件不同，落垛顺序可分为_____、_____和_____三类。

3. 水枪附近是人员作业较集中的地点，为确保安全，该处应_____支护，增设_____支架。

4. 在开采缓倾斜、倾斜特厚煤层中，广泛采用_____和_____。

5. 利用水力将充填材料（砂石）通过_____输送到井下采空区，脱水后_____留在采空区直接支撑顶板，_____流出采空区，排到地面重复使用。

6. 充填准备工作包括_____、设临时沉淀池和_____等。

7. 根据设置的位置、结构和铺设方向不同，砂门子分为_____、堵头门子_____和底铺（门子）等。

8. 伪倾斜柔性掩护支架采煤法是用柔性支架把_____与回采空间隔开，随着工作面推进，掩护支架靠_____和_____矸石的压力推动而下移。工作面为_____，与煤层走向成 25°~30° 的伪倾斜布置并沿走向推进。

9. 伪倾斜柔性掩护支架采煤法的回采工艺可分为_____、_____和_____ 3 个阶段。

10. 工作面爆破后，自下而上铺设_____，煤装入溜槽_____到下部运输巷中。

11. 倒台阶采煤法一般采用_____，一个台阶配备一台风镐，由_____名工人负责落煤和_____。

12. 仓储采煤法是我国较早用于开采_____薄及中厚煤层的一种方法。

13. 煤炭地下气化方法通常可分为_____和_____两种。

14. 目前钻孔贯通工作常用的方法有_____、_____和_____。

二、判断题

1. 水采矿井按其生产系统的水力化程度可分为全部水力化矿井和部分水力化矿井两种类型。   （   ）

2. 漏斗式采煤法的最小移枪步距应不小于4~8 m，实际应用中煤垛宽度（移枪步距）多采用8~16 m。   （   ）

3. 落垛过程中，垛内需设支架，为能在其顶板垮落前顺利采完煤垛，落垛时要有一定的冲采顺序（也称落垛顺序）。   （   ）

4. 水砂充填法中的废水流出采空区，排到地面可以重复使用。   （   ）

5. 堵头门子是为保留采空区一侧的运输平巷而设的，不保留时不必设。   （   ）

6. 在拆除支架过程中应始终保持掩护支架落平部分与区段运输巷不少于两个溜煤眼相通，以满足通风行人和回收掩护支架的需要。   （   ）

7. 倒台阶采煤法的回采工艺过程和急倾斜煤层长壁采煤法相同，但具体的工艺方法不一样。   （   ）

8. 仓储采煤法是我国较早用于开采急倾斜厚煤层的一种方法。   （   ）

三、问答题

1. 什么是水力采煤？

2. 水力采煤的其他辅助工序有哪些？

3. 水砂充填采煤法的特点有哪些？

4. 充填与采煤平行作业有哪些优点？

5. V形倾斜长壁采煤法与走向长壁水力充填采煤法相比较，各有何特点？

6. 如何处理倒台阶采煤法的采空区？

7. 什么是仓储采煤法？有何特点？

8. 仓储采煤法有哪两种基本形式？

9. 什么是煤炭地下气化？

10. 与无井式气化法比较，有井式气化法有哪些不足？

参 考 文 献

[1] 徐永圻. 中国采煤方法图集 [M]. 徐州：中国矿业大学出版社，1990.

[2] 陈炎光，徐永圻. 中国采煤方法 [M]. 徐州：中国矿业大学出版社，1991.

[3] 徐永圻. 煤矿开采学（修订版）[M]. 徐州：中国矿业大学出版社，1999.

[4] 徐永圻. 采矿学 [M]. 徐州：中国矿业大学出版社，2003.

[5] 张先尘，钱鸣高，等. 中国采矿学 [M]. 北京：煤炭工业出版社，2003.

[6] 张希峻. 煤矿开采方法 [M]. 徐州：中国矿业大学出版社，1993.

[7] 曹允伟，王春城，陈雄，等. 煤矿开采学 [M]. 北京：煤炭工业出版社，2005.

[8] 张荣立，何国纬，李铎. 采矿工程设计手册 [M]. 北京：煤炭工业出版社，2003.

[9] 国家安全生产监督管理局，国家煤矿安全监察局. 煤矿安全规程 [M]. 北京：煤炭工业出版社，2016.

[10] 胡贵祥. 矿井巷道布置 [M]. 北京：煤炭工业出版社，2005.

[11] 夏金平. 矿井开采方法 [M]. 北京：煤炭工业出版社，2004.

[12] 桂和荣，郝临山. 煤矿地质 [M]. 北京：煤炭工业出版社，2005.

[13] 钱鸣高，石平五. 矿山压力与岩层控制 [M]. 徐州：中国矿业大学出版社，2003.

[14] 王继国，张征锋. 采煤工 [M]. 北京：煤炭工业出版社，2011.

[15] 张宏干. 采煤工 [M]. 北京：煤炭工业出版社，2008.

[16] 郭奉贤. 采矿生产技术 [M]. 北京：煤炭工业出版社，2005.

图书在版编目（CIP）数据

采煤工艺／中国煤炭教育协会职业教育教材编审委员
会编．－－北京：煤炭工业出版社，2016
煤炭技工学校"十二五"规划教材
ISBN 978 - 7 - 5020 - 5373 - 4

Ⅰ．①采… Ⅱ．①中… Ⅲ．①煤矿开采—中等专业学
校—教材 Ⅳ．①TD82

中国版本图书馆 CIP 数据核字（2016）第 173369 号

采煤工艺（煤炭技工学校"十二五"规划教材）

编　　者	中国煤炭教育协会职业教育教材编审委员会
责任编辑	肖　力　罗秀全　袁　筠　郭玉娟
责任校对	邢蕾严
封面设计	王　滨

出版发行　煤炭工业出版社（北京市朝阳区芍药居 35 号　100029）
电　　话　010 - 84657898（总编室）
　　　　　010 - 64018321（发行部）　010 - 84657880（读者服务部）
电子信箱　cciph612@ 126. com
网　　址　www. cciph. com. cn
印　　刷　北京建宏印刷有限公司
经　　销　全国新华书店

开　　本　787mm×1092mm$^1/_{16}$　印张　11$^3/_4$　字数　275 千字
版　　次　2016 年 11 月第 1 版　2016 年 11 月第 1 次印刷
社内编号　8230　　　　　　　　定价　25.00 元